Patrick Nini

Speech Pad®: Warum gut präsentieren
heute anders geht

Patrick Nini

# Speech Pad®:
# Warum gut präsentieren
# heute anders geht

… und wie Sie es lernen und
anwenden können

Bibliografische Information der Deutschen Nationalbibliothek

Die Deutsche Nationalbibliothek verzeichnet diese Publikation
in der Deutschen Nationalbibliografie; detaillierte bibliografische
Daten sind im Internet über http://dnb.d-nb.de abrufbar.

ISBN 978-3-86936-754-5

Lektorat: Sabine Rock, Frankfurt am Main | www.druckreif-rock.de
Umschlaggestaltung: Martin Zech Design, Bremen | www.martinzech.de
Grafiken: werdewelt | www.werdewelt.info.de
Autorenfoto: Benjamin Schulz / Werdewelt, Mittenaar
Satz und Layout: Das Herstellungsbüro, Hamburg |
www.buch-herstellungsbuero.de
Druck und Bindung: Salzland Druck, Staßfurt

© 2017 GABAL Verlag GmbH, Offenbach

www.gabal-verlag.de
www.twitter.com/gabalbuecher
www.facebook.com/Gabalbuecher

# Inhalt

Vorwort      9

Ein Wort zuvor      13

## Eine Reise in die rhetorische Vergangenheit      15

Das antike Griechenland im vierten Jahrhundert vor Christus      17

Das alte Rom um die Zeitenwende      20

## Speech Pad – die Idee      25

Von der Antike in die Gegenwart      27

Neuanfang – und zwar wirkungsvoll!      29

Geld wird verbrannt – tagtäglich!      32
*Meditieren neu erfunden*      32
*Befehlsausgabe im Unternehmen*      33
*Das Publikum steht im Mittelpunkt!*      33
*Folien bewusst einsetzen*      35

Die Zukunft der Präsentationsgestaltung: Speech Pad      37
*Mündliche oder schriftliche Präsentation?*      37
*Die zwei Ebenen der Überzeugung*      38
*Für wen eignet sich Speech Pad?*      40
*Wie Speech Pad im Detail aufgebaut ist*      41

Speech Pad im Überblick      42

## Speech Pad Schritt für Schritt 45

■ Teil 1: Inhalte aufbereiten 47

*Die Botschaft als zentrales Element* 47
*Die Sichtweise deines Publikums kennen* 53
*Argumente & Informationen vorbereiten* 73
*Emotionen durch Geschichten hervorrufen* 105
*Glaubwürdigkeit vermitteln & Authentizität ausstrahlen* 130

■ Teil 2: Präsentation erstellen 143

*Den Titel festlegen* 143
*Die Präsentationsdauer abschätzen* 146
*Durch Struktur überzeugen* 149
*Die Themen notieren* 163
*Durch Körpersprache punkten* 169
*Inhalte polieren* 174
*Bühnenpositionen bestimmen* 179
*Visuelle Hilfsmittel festlegen* 186

■ Teil 3: Präsentation vorbereiten 199

*Inhalt merken* 199
*Wochen vor dem Auftritt* 200
*Zwei Tage vor dem Auftritt* 203
*Stunden vor dem Auftritt* 205

## Speech Pad angewandt 209

Die Methodik 211

Die verschiedenen Präsentationsarten 212

Beispiel: Projektpräsentation 216
*Vorher* 216
*Nachher* 217

Speech-Pad-Iterationen 235
*Welche Version präsentierst du?* 235
*Wir können an uns arbeiten* 236

# Anhang 239

Best-Practice-Tipps 240

*Fragen an den Veranstalter (Muster)* 240

*Die zehn »A« der Rhetorik* 244

*Einsatzzweck der rhetorischen Stilmittel* 248

Emotionskategorien und Emotionsbereiche in EARL
nach HUMAINE 249

Auflösung: Dein persönlicher Werte-Trendtest 251

Speech-Pad-Nutzwertanalyse 253

Speaking-Kit 255

Feedback-Formular 256

Quellen und Anmerkungen 257

Literatur 263

Dank 264

Register 265

Über den Autor 269

# Vorwort

Vor vielen Jahren habe ich zum ersten Mal einen Satz gehört, der mein Leben dramatisch verändern sollte: »Stell dir vor, du kommst abends nach Hause und denkst dir: ›Wow, und dafür bekomme ich auch noch Geld!‹« Wenn Sie diese Aussage ein wenig auf sich wirken lassen – könnten Sie mir dann eine Antwort auf die Frage geben, was dieses »dafür« bei Ihnen sein müsste? Obwohl ich damals noch leitender Angestellter im Einzelhandel war, musste ich keine drei Sekunden nachdenken, dann sah ich es deutlich vor meinem geistigen Auge. Für mich war es die Leidenschaft, vor Menschen sprechen zu dürfen, sie mit Worten zu inspirieren und für meine Ideen zu begeistern. Kurze Zeit später gründete ich mein eigenes Unternehmen. Seitdem zaubert es mir jeden Tag aufs Neue ein Lächeln ins Gesicht, dass ich es geschafft habe, aus meiner Leidenschaft ein erfolgreiches Business zu machen.

Auch heute, sieben Jahre später, empfinde ich es immer noch als ein riesiges Privileg, mein Geld als international tätiger Keynote-Speaker mit der Kunst der Rhetorik zu verdienen. Und es gibt eine Aussage, die ich nach meinen Vorträgen auf der ganzen Welt immer wieder höre, wenn ich mit meinem Publikum ins Gespräch komme: »Ilja, ich könnte niemals so überzeugend, locker und authentisch auf einer großen Bühne vor Menschen sprechen, wie du das tust.« Nur damit wir uns richtig verstehen, ich erzähle Ihnen das nicht, um mich selbst zu loben. Ganz im Gegenteil, nichts liegt mir ferner. Ich erzähle Ihnen das, weil es eine Zeit in meinem Leben gab, in der das vollkommen anders war.

Begleiten Sie mich auf eine Reise in die Vergangenheit. Wir schreiben das Jahr 2003 und zweihundert Augenpaare blicken mich gespannt an. Mein Mund ist staubtrocken, während mir eine einzelne Schweißperle langsam die Stirn herunterläuft. Es ist totenstill im Raum und nur das durchgehende Surren der Lüftung übertönt das stetig lauter werdende Pochen meines Herzens. Ich werde immer nervöser. Kein Wunder, schließlich ist es meine allererste Betriebsversammlung als blutjunger Warenhausgeschäftsführer. Noch vor wenigen Momenten war die Atmosphäre im Saal aufgeheizt. Der

Betriebsratsvorsitzende und eine Vertreterin der Gewerkschaft hatten es mit brillanten Reden geschafft, die Mitarbeiter emotional abzuholen und gegen die bundesweit geplanten Maßnahmen der Unternehmensleitung einzustimmen.

Und nun stehe ich hier mit meinen vorbereiteten Texten, Argumenten und PowerPoint-Folien und versuche verzweifelt, die Köpfe und Herzen meiner Mitarbeiter zu erreichen. Doch es gelingt mir einfach nicht. Statt Begeisterung macht sich Unruhe breit und die ersten Zwischenrufe lassen mich noch nervöser werden. Ich verliere den Faden. Verhaspele mich. Will vor Scham am liebsten im Boden versinken. Die nächsten Minuten werden für mich zu einem wahren Spießrutenlauf, und als ich mich vom Rednerpult verabschiede, realisiere ich mit voller Wucht, dass die erste wichtige Rede in meinem Leben ein völliges Desaster war. Ich kann Ihnen nicht mehr genau sagen, woher der Impuls kam, aber irgendwo tief in mir hat dieses Scheitern eine Trotzreaktion ausgelöst. In diesem schmerzenden Moment der persönlichen Niederlage habe ich mir etwas geschworen, das meine Zukunft entscheidend beeinflussen sollte: »Das passiert dir in deinem ganzen Leben niemals wieder!«

Noch am gleichen Tag bin ich in die Buchhandlung um die Ecke gegangen und habe mir sämtliche Bücher zum Thema »Präsentieren« gekauft, die ich finden konnte. Und damit war es um mich geschehen. Die Kunst der freien Rede ließ mich nicht mehr los, und ich habe mich mit Haut und Haaren in das Studium der Rhetorik gestürzt. Auf dem Weg habe ich viele Fehler gemacht, musste tiefe Täler durchschreiten und war mehr als einmal kurz davor aufzugeben. Doch meine Leidenschaft für das gesprochene Wort hat mich immer weitermachen lassen und in Hunderten von Präsentationen bin ich vor allem mithilfe der berühmten Methode »Learning by doing« besser geworden. Denn: Einen wirklich gut strukturierten Ansatz für gelungene Präsentationen hatte ich leider nicht zur Verfügung.

Was hätte ich dafür gegeben, wenn ich damals schon das Speech Pad gehabt hätte – es ist genau der Leitfaden, den ich mir immer gewünscht habe. Als Patrick mich fragte, ob ich das Vorwort zu seinem Buch schreiben würde, war ich daher sofort begeistert. Ich bin der festen Überzeugung, dass die Fähigkeit, überzeugende Reden halten zu können, eine der wichtigsten Schlüsselqualifikationen der Zukunft sein wird. Ob im klassischen Businessmeeting, in der Vorstandssitzung oder bei der Präsentation Ihres eigenen Unternehmens: Je besser Sie Ihre Ideen transportieren können, desto erfolgreicher werden Sie sein. Alles was Sie dafür brauchen, finden Sie in diesem Buch. Gut präsentieren zu können ist ein Handwerk, das wirklich jeder lernen kann. Ich bin das beste Beispiel dafür.

Das Konzept des Speech Pad ist grandios, denn es gibt Ihnen eine klare Struktur an die Hand, die Sie auf jede denkbare Rede anwenden können. Zusätzlich steckt jedes einzelne Kapitel des Buches voller Goldnuggets, die Ihre Fähigkeiten als Redner auf ein neues Niveau bringen. In einer großartigen Mischung aus wissenschaftlichem Hintergrund, vielen praktischen Beispielen und einer Menge fachlichem Know-how deckt Patrick Nini das gesamte Spektrum guter Präsentationen umfassend ab. Sie haben nach der Lektüre alles, was Sie benötigen, um ein herausragender Redner zu werden. Natürlich gelingt Ihnen das nur, wenn Sie bereit sind, auch die entsprechende Arbeit zu investieren. Gute Vorträge halten zu können ist nun einmal etwas, was man sich nicht theoretisch aneignen kann. Aber das Buch ist so motivierend geschrieben, dass ich mir einer Sache ganz sicher bin: Sie werden gar nicht anders können, als jede sich bietende Gelegenheit zu nutzen, an Ihren rhetorischen Fähigkeiten zu feilen.

Und wer weiß, vielleicht kommen Sie eines Tages nach einer gelungenen Rede nach Hause und sind einfach nur glücklich, weil Ihnen tausend Menschen gebannt an den Lippen gehangen und Sie am Ende mit Standing Ovations verabschiedet haben. Und während Ihnen der Gedanke an die vielen Leben, die Sie in diesen sechzig Minuten Vortrag verändert haben, ein Lächeln ins Gesicht zaubert, sagen Sie möglicherweise voller Stolz zu sich selbst: »Wow, und dafür bekomme ich auch noch Geld!«

Ich wünsche Ihnen eine schöne Lektüre und alles Gute auf Ihrem Weg zu einem brillanten Redner.

Herzlichst, Ihr
*Ilja Grzeskowitz*
Change Experte, Bestsellerautor und internationaler
Keynote-Speaker

# Ein Wort zuvor

Bevor es losgeht, möchte ich mich kurz vorstellen.

Nach meiner Ausbildung zum Informatiker gelang mir mit 22 Jahren der Einstieg als Berater bei einem internationalen Hersteller für Bankensoftware. Schon immer hatten mich Handel und Börse fasziniert. In dieser Zeit entdeckte ich meine Leidenschaft für Rhetorik und das Präsentieren. Toastmasters, eine internationale Non-Profit-Rhetorikorganisation, legte den Grundstein für mein späteres berufliches Wirken als Präsentationstrainer und Vortragsredner. Ich besuchte unzählige Seminare und studierte Bücher über Rhetorik und deren antike Wurzeln.

In meiner früheren Praxis als Berater erkannte ich: Menschen sind zwar Experten auf ihrem Gebiet, doch kaum jemand weiß wirklich, wie man gute Präsentationen erstellt. Diese Erkenntnis und meine Leidenschaft für die Rhetorik haben mich dazu gebracht, das Modell »Speech Pad Business« zu entwickeln, einen Leitfaden speziell für Geschäftsleute. Präsentieren kann man nicht früh genug lernen, daher gibt es nun auch eine Version speziell für Schüler und Schulen: das »Speech Pad 4school«.

Ich lade Sie in den folgenden Kapiteln zunächst zu einer Reise in die rhetorische Vergangenheit ein. Dort finden wir die Grundbausteine der heutigen Rhetorik. Danach reisen wir zurück in die Gegenwart. Ich zeige Ihnen, worauf es bei Speech Pad ankommt, und stelle Ihnen meine Methode in drei Teilen vor: Inhalte aufbereiten, Präsentation erstellen und Präsentation vorbereiten. Innerhalb dieser drei Teile finden Sie 29 Schritte, die Ihre Präsentation jeweils unter einem anderen Blickwinkel betrachten. Jeder dieser Schritte ist in der Überschrift mit einem farbigen Symbol gekennzeichnet, das Sie auch im Speech Pad wiederfinden. So wissen Sie jederzeit, an welcher Stelle des Speech-Pad-Prozesses Sie gerade stehen und haben stets den Gesamtüberblick. Ich zeige Ihnen, wie Sie Speech Pad anwenden können, und gebe Ihnen viele Materialien an die Hand, die Ihnen gutes Präsentieren erleichtern.

Auf der Bühne sollten wir unnötige Barrieren entfernen. Für mich schafft das »Sie« eine Barriere, nämlich Distanz. Daher bin ich für meine Leserinnen und Leser einfach »Patrick«. Gerade wenn man intensiv miteinander arbeitet, vereinfacht das »Du« die Zusammenarbeit. Es schafft eine Sympathiebrücke, die ich nutzen möchte. Falls Sie damit nicht einverstanden sind, denken Sie sich bitte ein »Sie« an den Stellen des Buches, an denen ein »Du« steht.

Mit rhetorischen Grüßen
*Patrick Nini*

PS: Um den Textfluss zu verbessern, verwende ich in meinen Beispielen meistens nur eines der beiden Geschlechter. Natürlich spreche ich Frauen und Männer gleichermaßen an.

# Eine Reise in die rhetorische Vergangenheit

*»Die Rhetorik ist die Kunst, zu erkennen, was überzeugend ist.«*

ARISTOTELES[1]

Wer sich heute mit der Kunst der Rede und dem Präsentieren befasst, sollte sich auch mit der antiken Rhetorik beschäftigen. Vieles, was wir heute wissen, lässt sich aus der Antike ableiten. Die großen Redner und Denker jener Zeit haben uns ihr Wissen in ihren Schriften hinterlassen. Daher möchte ich zunächst einen Blick in die Vergangenheit werfen, um einen kleinen Überblick über das zu geben, was uns die antiken Philosophen und Redner mitgegeben haben. Auf den nächsten Seiten werden wir uns in deren Zeit wiederfinden – als stille Beobachter, die das Geschehen aus nächster Nähe miterleben.

# Das antike Griechenland im vierten Jahrhundert vor Christus

Wir befinden uns auf einem Berg in Griechenland. Auf einem Plateau sehen wir eine Gruppe von Männern, die eifrig damit beschäftigt sind, das Volk zu beeinflussen – unter ihnen einer, der besonders auffällt: Gorgias von Leontinoi. Die Männer gelten als Meister der Überredung (Sophistik) und werden daher Sophisten genannt. Sie sind brillante Redner ohne Moral. Ihnen ist es egal, wen sie beeinflussen, denn ihre Fähigkeiten sind käuflich. Wichtig ist diesen Männern nur, dass sie zu ihrem eigenen Vorteil handeln und anderen damit zum Sieg verhelfen.[2] Ob das Interesse moralisch vertretbar ist oder nicht, spielt für sie keine Rolle.

Gorgias ist einer der talentiertesten Redner unter den Sophisten. Seine Reden sind so außergewöhnlich, dass sich sogar die Philosophen dieser Zeit mit seinen Techniken auseinandersetzen. Er hielt beispielsweise die Lobrede auf Helena, um deren Unschuld am Trojanischen Krieg nachzuweisen. Darin argumentiert er, Helena treffe keine Schuld, denn sie sei von den Göttern beeinflusst worden – alles andere sei absurd. Für ihre Schönheit beispielsweise könne nur ein Gott verantwortlich sein.[3]

Die Reise trägt uns ein wenig weiter in die Zukunft. Der Philosoph Platon beschäftigt sich mit Gorgias' Fähigkeiten und erstellt den Dialog »Phaidros«. In diesem Werk definiert Platon die Rhetorik, um dem Missbrauch rhetorischer Techniken durch die Sophisten vorzubeugen,[4] denn er hält den Sophismus für ethisch inakzeptabel.[5] Platon stellt in seinem Dialog auch drei Fragen, die später von einem seiner Schüler – dem damals noch jungen, unbekannten Aristoteles – aufgegriffen werden.[6]

**ERSTE FRAGE:** *Kann die Rhetorik im Rahmen der Wissensgebiete überhaupt eine der Philosophie auch nur annähernd vergleichbare Rolle spielen?*

Platons erste Frage beantwortet Aristoteles folgendermaßen. Er erkennt drei Arten von Reden: Reden vor Gericht (Anklage und Verteidigung), Lobesreden (Lob und Kritik) und Beratungsreden (zu- und abraten). Gerichtsreden und Lobesreden beschäftigen sich eher mit Themen aus der Vergangenheit. Beratungsreden hingegen umfassen Themen, die die Zukunft betreffen, und werden insbesondere bei politischen Versammlungen vorgetragen. Die drei Gattungen sind auf unterschiedliche Ziele ausgerichtet:

- Der Gerichtsredner muss Recht und Unrecht erkennbar machen.
- Der Lobesredner stellt die Ehrenhaftigkeit oder Schande anderer heraus.
- Der Beratungsredner zeigt den Nutzen oder Schaden einer Sache auf.[7]

Analog dazu definiert Aristoteles drei Arten von Zuhörern: diejenigen, die »nur« genießen, diejenigen, die über Vergangenes urteilen, und jene, die Künftiges bewerten.[8] Aufgrund dieser Erkenntnisse beantwortet Aristoteles die Frage, ob die Rhetorik im Rahmen der Wissensgebiete eine relevante Rolle spielt, klar mit »Ja«. Er erkennt, dass die drei Redegattungen ihren jeweils berechtigten Platz im Leben einnehmen. So findet man die Rhetorik in Gerichten, bei Volksversammlungen und in Ansprachen vor der Allgemeinheit.[9]

**ZWEITE FRAGE:** *Kann die Rhetorik den Status eines Handwerks beanspruchen?*

Aristoteles sieht die Rhetorik als Gegenstück zur Dialektik. Die Dialektik ist die Kunst der Gesprächsführung[10], die Rhetorik hingegen die Kunst, zu erkennen, was überzeugend ist. Da die Dialektik ein Handwerk ist, ist die Rhetorik für Aristoteles ebenfalls ein Handwerk.[11]

**DRITTE FRAGE:** *Hat die Rhetorik eine Theorie?*

Bislang fehlt der Rhetorik noch eine Theorie. Die von den Sophisten erstellte Anleitung zur Redegeschicklichkeit und Überredungskunst betrachtet Platon nur als einen Hinweis zur Redetechnik, jedoch nicht als Theorie. Als Schüler Platons stellt sich Aristoteles die Aufgabe, der

Rhetorik eine Theorie zu geben, und definiert daher drei Faktoren der Überzeugung:

- Logos: die Folgerichtigkeit der in der Rede enthaltenen Aussagen
- Ethos: der Redner, insbesondere seine Autorität und Glaub-würdigkeit
- Pathos: die Absicht, den Zuhörer in eine bestimmte Gefühlslage zu versetzen

So kann die dritte Frage von Platon, ob die Rhetorik eine Theorie hat, am Ende auch mit »Ja« beantwortet werden. Aristoteles führt diese drei Faktoren in seinem Werk »Rhetorik« aus und liefert damit einen wertvollen Beitrag.

# Das alte Rom um die Zeitenwende

Schauplatzwechsel. Wir befinden uns auf dem Forum Romanum, einem berühmten Platz in Rom, inmitten eines unterhaltungssüchtigen Volks. Es ist das Jahr 80 vor Christus. Der Sohn des ermordeten Sextus Roscius wird angeklagt, seinen Vater umgebracht zu haben. Die Lage scheint aussichtslos, denn Chrysogonus, von dem die Anklage ausgeht, ist ein treuer Gefolgsmann des römischen Diktators Sulla, der bereits Tausende Menschen ermorden ließ. Aus diesem Grund will sich niemand des Falles annehmen – bis auf Marcus Tullius Cicero. Er ist der Einzige, der den Mut hat, den Angeklagten zu verteidigen, obwohl diesem der Tod droht, sollte er den Prozess verlieren.

Kurz zuvor hat Cicero sein erstes rhetorisches Werk »De inventione« (Über die Auffindung des Stoffes) fertiggestellt. Es beschäftigt sich damit, wie relevante Gedanken und Aspekte einer Rede gefunden werden. Ein anderes Werk, die »Rhetorik an Herennius«, wurde etwa zur gleichen Zeit verfasst und besteht aus mehreren Büchern in lateinischer Sprache. Nicht nur die Gestaltung dieser Bücher ist bewundernswert, auch der Inhalt faszinierte die Leser. Bis heute ist der Urheber dieses Werkes nicht bekannt. Wir schlagen die Bücher auf und finden die fünf Produktionsstadien einer Rede:

1. Finden von relevanten Gedanken (inventio)
2. Sinnvolle Gliederung der Gedanken (dispositio)
3. Formulierung und sprachliche Darstellung der Gedanken (elocutio)
4. Vorbereitung und Einprägung der Rede (memoria)
5. Aufführung auf der Bühne (actio)

Der Autor beschreibt in der Herennius-Schrift sechs Redeteile (partes orationis), die jede juristische Rede beinhalten muss:

1. Einleitung (exordium)
2. Erzählung (narratio)
3. Darlegung und Gliederung der Themenaspekte (divisio)
4. Argumente vorbringen und begründen (confirmatio)

5. Gegnerische Argumente widerlegen (confutatio)

6. Schluss (conclusio)

Die Schrift enthält eine Diskussion über verschiedene Redestile, die später von anderen Rhetoriklehrern wie Cicero aufgegriffen wird. Der unbekannte Autor beschreibt drei verschiedene Redestile: den niedrigen, den mittleren und den hohen Stil. Die Stile orientieren sich an der Wortwahl des Redners und am Publikum. Der niedrige Stil dient in erster Linie der Belehrung und zeichnet sich durch eine eher einfache Wortwahl aus. Der mittlere Stil dient vor allem der Unterhaltung und beinhaltet bereits einige rhetorische Schmuckmittel. Der hohe Stil ist die Königsklasse – damit lässt sich der Zuhörer emotional berühren. Dieser Stil ist anspruchsvoll und wird nur von sehr erfahrenen Rednern eingesetzt.[12]

Im letzten Buch der »Rhetorik an Herennius« finden wir verschiedene rhetorische Stilfiguren – so bezeichnet man die kunstvolle Verwendung von Worten. Eine Stilfigur lässt sich bereits durch Änderung eines einzigen Wortes gestalten.

Aber zurück zu Cicero im Forum Romanum. Die Stimmung ist gespalten: Cicero wagt es, in seiner Rede die Motive des Chrysogonus' anzusprechen, denn dieser hat finanziell am meisten von dem Mord an Sextus Roscius profitiert. Chrysogonus will den Angeklagten mithilfe des Gerichtes beiseiteschaffen. Aber das Blatt wendet sich, als sich die von der Anklage geladenen Zeugen in Widersprüche verwickeln. Cicero gewinnt den Prozess und geht daraus als gefragtester Anwalt und Redner Roms hervor. Er strebt bald auch eine politische Karriere an: In den Jahren 75 bis 63 vor Christus wird Cicero im Senat zunächst zum Quästor und später zum Konsul, das höchste Amt, gewählt.

Erst viele Jahre später, als seine politische Laufbahn beendet ist, widmet er sich erneut dem Schreiben. In dieser Zeit verfasst Cicero den Dialog »De oratore« (Über den Redner – 55 v. Chr.) und beschreibt darin, welche Merkmale einen vollkommenen und perfekten Redner (orator perfectus) ausmachen. »De oratore« gilt als Ciceros rhetorisches Hauptwerk.

Cicero ist der Ansicht, der perfekte Redner müsse über alle Themen sprechen können. Umfassende Bildung ist daher für ihn eine der Voraussetzungen, um ein perfekter Redner sein zu können.

Cicero kombiniert seine Theorie mit den drei Faktoren der Überzeugung aus Aristoteles' Rhetorik. Der perfekte Redner muss zwingend drei Stile beherrschen, um den Pflichten des Redners (officia oratoris) nachkommen zu können: docere (jemanden belehren), conciliare (jemanden für etwas gewinnen) und movere (jemanden emotional bewegen).

In der Antike galten die Ebenen der verschiedenen Lehrmeister als selbstverständlich und waren sich recht ähnlich. So dienten beispielsweise der niedrige Stil der sachlichen Belehrung, der mittlere der Unterhaltung und der hohe Stil der emotionalen Bewegung.

| Stilebene (Genera Dicendi) HERENNIUS | Niedriger Stil (Genus Tenue) | Mittlerer Stil (Genus Medium) | Hoher Stil (Genus Grande) |
|---|---|---|---|
| Pflichten des Redners (Officia oratoris) CICERO | Belehren (docere) Beweisen (probare) | Gewinnen (conciliare) Erfreuen (delectare) | Bewegen (movere) Aufstacheln (concitare) |
| Faktoren der Überzeugung ARISTOTELES | Logos | Ethos | Pathos |

Übersicht Stilebenen und Pflichten des Redners nach Herennius/Cicero; Faktoren der Überzeugung nach Aristoteles (eigene Darstellung)

Unsere Reise führt uns nun noch etwas weiter in die Zukunft. Wir sind im ersten Jahrhundert nach Christus angekommen. In dieser Zeit ist der römische Rhetorikprofessor Marcus Fabius Quintilianus beeindruckt und geprägt von Ciceros Werken. Er unterrichtet die Kunst der Rhetorik und fasst all sein Wissen und seine gesamte Erfahrung in diesem Bereich in zwölf Büchern zusammen. »Institutio oratoria« (Unterweisung in der Redekunst) ist die Summe des rhetorischen Wissens der römischen Kaiserzeit.[13] Ergänzend zum hohen Stil schreibt Quintilianus: »Der Redner muss die Gefühle, die er im Publikum auslösen möchte, auch selbst empfinden.«[14] Er empfiehlt, sich mithilfe von geeigneten Vorstellungen und Fantasien selbst in diese Gefühlslage zu versetzen.[15] Des Weiteren hält er Methoden fest, aus denen sich die rhetorischen Figuren generieren lassen – wie etwa das Hinzufügen, das Wegnehmen oder das Austauschen von Wörtern.

Im zwölften Buch beschäftigt sich auch Quintilianus mit der Frage, was den perfekten Redner ausmacht. Er definiert ihn als einen sozial-kommunikativen Praktiker, der verantwortungsbewusst handelt und zugleich rhetorisch kompetent ist.

# Speech Pad –
# die Idee

*»Effizienz bedeutet, Dinge richtig zu tun, Effektivität hingegen, die richtigen Dinge zu tun!«*

PETER DRUCKER

Mir imponieren die großen Redner. Vor allem aber imponiert mir die Tatsache, dass sie wirklich wussten, worauf es in einem Vortrag und einer Präsentation ankommt. Sie kannten die relevanten Elemente der Rhetorik und wussten diese anzuwenden. Die Botschaften waren eindeutig und klar. Die Reden haben überzeugt und gingen somit in die Geschichte ein. Heute präsentieren wir oft, ohne genügend auf unsere Kernbotschaft zu achten. Wir legen auf die Elemente der Rhetorik keinen Wert oder haben sie womöglich noch nie wirklich gelernt. Wohin das führt? Der Inhalt der Präsentation verpufft wie heiße Luft. Die Präsentationen sind wirkungslos. Wir müssen uns über die Kernbotschaft im Klaren sein, denn alles, was ein Redner sagt – jeder Überzeugungsanlauf – baut auf seiner Botschaft auf. Wir wollen doch effektiv sein, oder? Eine Präsentation ohne Botschaft ist jedoch nicht effektiv, weil wir den Inhalt, den wir transportieren möchten, gar nicht kennen.

Peter Drucker zum Beispiel, ein Vordenker im Bereich der modernen Managementlehre, schrieb 1963 im *Harvard Business Review*: »Es gibt nichts Sinnloseres, als Dinge effizient zu tun, die man gar nicht tun müsste.«[16]

Ich möchte den Gedanken weiterspinnen und fragen: Was bringt es denn, wenn ich zig Fakten kommuniziere, aber keinerlei Botschaft habe? Effektivität bedeutet, die richtigen Dinge zu tun. Für mich fällt darunter die Vermittlung einer klaren Botschaft. Effizienz bedeutet, Dinge richtig zu tun – beispielsweise schöne Folien zu gestalten.

Stell dir vor, du kommst am Morgen ins Büro, öffnest dein E-Mail-Programm und liest eine Einladung der Auditabteilung zu dem spannenden Thema: »Neue Prozesse«. Hast du dich darauf nicht schon wochenlang gefreut? Wohl eher nicht. Der erste Gedanke beim Lesen einer solchen Mail wird wahrscheinlich sein: »Wie um alles in der Welt kann ich dem entkommen?«

Warum denken wir so? Es liegt sicherlich nicht am Thema. Das kann durchaus interessant sein. Es liegt in vielen Fällen wohl eher an einem Vortragsstil, der die nötige Leidenschaft vermissen lässt. Über 400 Firmen im deutschsprachigen Raum verwenden das Wort »Leidenschaft« in ihren Slogans. Doch wozu? Leidenschaft kann man nicht mit einem Slogan erzwingen. Sie kommt von innen. Sie entsteht freiwillig, wie beim Tanzen. Auch beim Präsentieren führen wir unsere Zuhörer ausdrucksstark übers Themenparkett. Wie gelingt das? Damit du deine Zuhörer so führen kannst, dass sie dir folgen, habe ich Speech Pad entwickelt. Das Ziel ist durchaus hochgesteckt: Es soll dir genauso gut gelingen, dein Publikum zu beeindrucken, wie es den großen Rednern der Geschichte gelungen ist.

Speech Pad unterstützt dich dabei, die richtigen Dinge richtig zu tun, damit Präsentationen künftig bessere Ergebnisse erzielen.

# Von der Antike in die Gegenwart

Die Lehre von der Rhetorik hat sich seit Aristoteles, Cicero & Co. beständig weiterentwickelt, aber das antike Wissen hat heute immer noch Gültigkeit. Die Rhetoriktheorie baut auf Aristoteles' drei Kommunikationsinstanzen auf: Inhalt / Argumente (Logos), Mensch / Glaubwürdigkeit (Ethos) und Publikum / Emotionen (Pathos). Auch heute zählen gute Argumente, ein authentisches Auftreten und Emotionen.

Doch es gibt eine entscheidende Veränderung in Sachen Kommunikation und Wirkung: Es wird viel mehr präsentiert. Es gibt Projektpräsentationen, Vertriebspräsentationen und technische Präsentationen, um nur einige zu nennen. Wir alle müssen heute, bei jeder Gelegenheit, überzeugen – nicht nur als Anwalt oder Politiker, wie es Aristoteles ursprünglich vorgesehen hatte, sondern auch als Verkäufer, Projektleiterin, Manager oder Unternehmerin. Wir müssen unsere Vorgesetzten von unserer Arbeit überzeugen, unsere Mitarbeiter von unseren Entscheidungen und manchmal einen Polizisten, uns keinen Strafzettel auszustellen. Aber auch im privaten Umfeld spielt Überzeugung eine Rolle. Wir möchten unsere Freunde überzeugen, mit uns ins Kino zu gehen, oder unsere Kinder, etwas zu tun oder zu lassen.

Aktuelle Trends zeigen, dass eine gelungene Selbstpräsentation immer wichtiger wird. Unzählige Teenager haben heute ihren eigenen YouTube-Kanal, auf dem sie sich präsentieren. Sie lernen das Präsentieren von der Pike auf und sind den Erwachsenen oft meilenweit voraus. Führungskräfte und Manager sind immer öfter gefordert, Fachthemen innerhalb und außerhalb des Unternehmens zu präsentieren. Oft werden Vorträge auf Konferenzen mitgeschnitten oder gefilmt und sind dann dauerhaft im Internet abrufbar. Man kann sich heute einfach keine schlechte Darbietung mehr erlauben. Doch wie erreicht man eine wirklich gelungene Präsentation?

Im Idealfall bleibt unser Auftritt noch für Wochen, Monate oder sogar Jahre in den Köpfen unserer Zuhörer gespeichert und sie erinnern sich gerne daran. Erinnerst du dich an die berühmte Rede von Martin Luther King, »I have a dream«[17]? Wenn du diese Rede gehört oder gesehen hast, wird sie sicherlich für immer in deinem Gedächtnis bleiben. Es gibt Mittel und Wege, gute Präsentationen zu gestalten – die wichtigsten Wege habe ich in Speech Pad eingebunden.

Egal ob in Universitäten, Schulen oder unternehmensinternen (und externen) Weiterbildungseinrichtungen: Das wichtige Thema »Überzeugt präsentieren« wird häufig gar nicht oder wenn, dann falsch behandelt. In den Schulen lernen wir vielleicht die großartigen Philosophen der Antike kennen; die Werkzeuge der Rhetorik, die wir praktisch in Präsentationen anwenden könnten, bleiben jedoch oft unerwähnt.

# Neuanfang – und zwar wirkungsvoll!

Bewusst wurde mir diese stiefmütterliche Behandlung des Themas vor ein paar Jahren während des »Startup Weekend« in St. Gallen, bei dem wir an unseren Geschäftsideen arbeiteten. Aus den besten zehn Ideen formten sich Projektgruppen. Am Ende des Wochenendes wurden die ausgearbeiteten Ideen einer Jury präsentiert.

Thomas, ein Teilnehmer in meiner Projektgruppe, sagte damals spontan: »Wir müssen eine Präsentation halten – dann öffnen wir doch mal PowerPoint.« Auf meine Antwort – »Eine Präsentation erstellt man nicht mit PowerPoint!« – reagierte er mit einem erstaunten Blick. Was muss er in diesem Moment wohl gedacht haben? Vielleicht: »Wie erstelle ich denn eine Präsentation sonst? Mit Apple Keynote? Oder ganz ohne Präsentationssoftware?«

Die Antwort auf diese Frage ist im Sinne von Speech Pad klar, aber für die meisten Menschen noch immer verblüffend: ohne Präsentationssoftware! Zuerst entsteht ein Konzept, basierend auf der Botschaft und der Publikumsanalyse. Erst wenn auch der komplette Inhalt und die Struktur konzipiert sind, kann man sich Gedanken über Folien machen. Leider wird eine Präsentation häufig mit den Folien gleichgesetzt. Präsentieren ist jedoch viel mehr: Etwas zu präsentieren bedeutet, jemanden von etwas zu überzeugen!

Folien für sich genommen überzeugen nie, denn das Überzeugen bleibt ausschließlich die Aufgabe des Redners. Leider lernen wir den überzeugenden Auftritt kaum noch und verwenden daher notgedrungen inflationär Präsentationssoftware. Das Resultat: wirkungslose Präsentationen. Ganz egal ob in der Schule oder in der Aus- und Weiterbildung – überall wird PowerPoint verwendet und die meiste Zeit wird in das Layout der Folien gesteckt. Niemand macht sich Gedanken darüber, wie man eine glasklare Message definiert, auf den Punkt kommt und damit den Inhalt wirkungsvoll den Zuhörern vermittelt. Wenn es nur um das monotone Ablesen von Zahlen und Fakten und das Zeigen von Tabellen und Grafiken geht, kann man sich die Präsentation im Grunde auch sparen.

Fragen wie die folgenden werden meist außer Acht gelassen – dabei sind sie absolut essenziell, wenn die Worte Wirkung erzielen sollen:

- Was bewegt meinen Zuhörer im Job und in seiner freien Zeit? Was beschäftigt ihn?

- Welche Werte vertritt mein Zuhörer?
- Welchen Nutzen könnte ich meinem Zuhörer bieten?

Wichtig: Es gibt zwei Arten von Folien – die einen dienen der schriftlichen Kommunikation und die anderen unterstützen eine mündliche Präsentation. Für Letztere gilt in der Regel: Das Design von Folien ist Zeitverschwendung! Die wesentlichen Aspekte – Botschaft, Publikum und Emotionen – werden dabei außer Acht gelassen, weil wir das Präsentieren nie richtig gelernt haben. Wir verlassen uns zu sehr auf diese Folien. Wir öffnen eine Software, setzen Schlagworte ein und projizieren diese an die Wand – fertig! Genau das hatte Thomas aus meinem Projektteam vor. Wenn wir jedoch wirklich effektiv sein möchten, sollten wir endlich die Kunst der Rhetorik nutzen!

Beginnen wir mit einem leeren Blatt Papier, etwas quinque partes, partes orationis, officia oratoris, ganz viel logos, ethos und pathos. Alles klar? Es handelt sich um die Elemente der Rhetorik, die wir uns in diesem Buch genauer ansehen. Als ich Thomas damals die fünf Produktionsstadien der Rede erklärte, war ihm das zu wenig greifbar, um eine Präsentation darauf aufzubauen. Dabei merkte ich: Es gab zwar die Rhetorik-Werkzeuge, doch sie waren den Profis vorbehalten. Es gab keinen Praxis-Werkzeugkoffer für jedermann, der die Kunst der Rhetorik einfach und verständlich zeigte, erklärte und nutzbar machte. Nach diesen Erfahrungen kam ich auf die Idee, einen solchen Koffer zusammenzustellen, mit dem jeder auf einfache Art und Weise ein gut strukturiertes Präsentationskonzept erstellen kann.

Klingt einfach. Ist es auch! In diesem Buch lernst du, wie es funktioniert. Bis hierhin habe ich einiges über die Dos and Don'ts bei Präsentationen erzählt. Jetzt möchte ich zeigen, wie man einen überzeugenden Auftritt von Grund auf konzipiert. Dos and Don'ts wirst du mit meinem Konzept dann (fast) nicht mehr benötigen. Mit dem Speech Pad erhältst du alle wichtigen Tools, mit deren Hilfe du einen überzeugenden Auftritt für jede Art von Kommunikationssituation erstellen kannst.

Eines ist mir an dieser Stelle noch wichtig: Vortrag und Präsentation werden häufig als ganz verschiedene Dinge betrachtet. Das trifft manchmal auch zu – oftmals aber auch nicht! Es gibt so viele tolle Vortragselemente, die für eine Präsentation hilfreich wären, und auf der anderen Seite so viele Elemente aus der Präsentation, die ich mir im Vortrag wünschen würde. Ich beschreibe in meinem Buch Elemente, die für jede Art der Präsentation funktionieren, denn gute und stringente Informationen, Glaubwürdigkeit, Auftreten und Emotionen sind nicht einer bestimmten Gattung vorbehalten.

# Geld wird verbrannt – tagtäglich!

## Meditieren neu erfunden

Zürich, 08:45 Uhr morgens. Eine Outlook-Erinnerung poppt auf:
»Projektbriefing – 09:00 – 18:00 Uhr«! Ich verantwortete das gesamte Order-Management-System einer Schweizer Bank. Deutlich über
1 Million Börsenaufträge laufen jährlich durch. Das Briefing wurde
von einem Projektteam organisiert, das Einfluss auf die Gesamtbank
hatte. Ich musste diese Einladung annehmen. Wie grausam das Briefing werden würde, ahnte ich zu diesem Zeitpunkt noch nicht.

Der Redner stand an diesem Morgen mit Sicherheit das erste Mal
auf einer Bühne und musste über den aktuellen Status informieren.
Die Veranstaltung war als eine Art »Absicherungsmeeting« gedacht.
Frei nach dem Motto: »Ich habe es ja kommuniziert.« Einfach eine
Präsentation durchziehen und schon kann man, wenn es keine Einwände aus dem Publikum gibt, sagen: »So hatten wir es an jenem Tag
besprochen. 80 Menschen saßen im Briefing und hörten zu.«

Als der Redner seine Folien an die Wand projizierte, traute ich meinen Augen nicht: Rechts unten am Rand las ich in kleiner Schrift:
»Seite 1 von 205«. Er präsentierte in der nächsten Stunde also etwa
200 Folien mit jeweils einer Tabelle, bestehend aus 20 Zeilen. Er projizierte die technischen Details an die Wand. 20 Zeilen multipliziert mit
200 Folien, das ergibt einen Wert von 4000 Zeilen. Monoton, ohne
jegliche Motivation, las er jede Zeile vor. Es geschah, was geschehen
musste: Zwei Zuhörer in der hinteren Ecke des Raumes hatten die
Augen nach 20 Minuten geschlossen.

Ich habe während dieser 20 Minuten Monotonie die Kosten des
Meetings zusammengerechnet und kam bei acht Stunden Briefing-
Dauer, einem internen Stundensatz von 150 Franken und 80 Teilneh-
mern auf 96 000 Franken, die in diesem Moment verbrannt wurden.
Das sind 20 Euro alle sechs Sekunden! Warum? Weil keiner zuhört.
Die Menschen im Publikum befanden sich im Wachkoma!

Um es ein wenig überspitzt zu formulieren: Der Vortrag war wesentlich wirkungsvoller als jeder Meditationskurs. Man konnte einfach abschalten und den Gedanken freien Lauf lassen. Es war mit Abstand der teuerste Meditationskurs, den ich je besucht habe. Dem Unternehmen selbst war durch diesen Vortrag kein Nutzen, sondern ein erheblicher Schaden entstanden. Eine solche Geldverbrennung findet tagtäglich durch Präsentationen wie diese statt. Dabei ist es eigentlich ganz einfach: Wenn Präsentationen einen allseitigen Nutzen bieten sollen, müssen sie anders gestaltet werden. In diesem Buch zeige ich Mittel und Wege auf, wie ein solcher Nutzen geboten werden kann.

## Befehlsausgabe im Unternehmen

Wenn man schon in Briefings nicht überzeugen kann, gibt es ein anderes »ganz einfaches« Mittel: die Befehlsform – du musst! Aber überzeugt das Wort »müssen« wirklich? Sind wir überzeugt, wenn wir Rundfunkgebühren zahlen müssen? Würden wir auch dann Rundfunkgebühren zahlen, wenn es keine Kontrolle gäbe? Vermutlich nicht, und die Rundfunkorganisation hätte sicherlich einige zahlende Kunden weniger.

Der Befehl »müssen« überzeugt nicht! Das gilt auch für die eigenen Mitarbeiter im Unternehmen. Wenn wir gute Ergebnisse erhalten möchten, sollten unsere Zuhörer (Mitarbeiter) von ihrer Aufgabe überzeugt sein. Alles andere resultiert in »Dienst nach Vorschrift« – und das lähmt. Darum müssen wir unsere Zuhörer von einer Sache überzeugen, damit sie aus eigenem Interesse heraus die gewünschten Ergebnisse liefern. Wie wir Leidenschaft transportieren und dabei gleichzeitig überzeugen können, sehen wir uns genauer an.

## Das Publikum steht im Mittelpunkt!

Im September 2014 beobachtete ich einen Vortragenden auf der Messe Swiss Office Management in Zürich. Sein Produkt wurde als revolutionär angekündigt. Der Redner stellte ein neuartiges Etikettiersystem vor, doch nur fünf Zuhörer interessierten sich dafür. Bei einem gleichzeitig stattfindenden Vortrag, für den man dieselbe Anzahl von Stühlen vorgesehen hatte, war hingegen jeder Platz besetzt. Einige der Zuhörer mussten sogar stehen. Woran liegt es, dass man dem einen Redner überhaupt nicht zuhört und der andere die volle Aufmerksamkeit erhält?

Redner Nummer eins zeigte am Beispiel seines Produkt Features auf, die niemanden interessierten. Es schien so, als hätte sein Publikum die angesprochenen Probleme gar nicht. Er wusste nicht, mit welchen Herausforderungen seine Zuhörer in ihrer Arbeitswelt zu kämpfen hatten. Tatsache ist aber: Wenn wir unser Unternehmen nach außen präsentieren, müssen wir uns Gedanken darüber machen, wie wir unseren Zuhörern einen Nutzen bieten können. Ein echter Nutzen stellt sich aber erst dann ein, wenn eine Relevanz für die Zuhörer gegeben ist. Versetze dich dafür in die Rolle des Zuhörers und frage dich kritisch: »Würde mich das interessieren?«

Standard-Unternehmenspräsentationen bieten den Zuhörern meist keinen Nutzen, vor allem, wenn das Unternehmen im Mittelpunkt steht. Im Grunde geht es um einen Perspektivwechsel: Der Zuhörer mit seinen individuellen Bedürfnissen sollte im Mittelpunkt stehen!

Die misslungene Präsentation auf der Messe hatte für das Unternehmen enorme Kosten verursacht: Opportunitätskosten, weil die Zeit sinnvoller genutzt werden kann; Vortragskosten, weil Unternehmen für einen Vortrag einen beachtlichen Betrag zahlen müssen; und Aufwandskosten, weil auch die Vorbereitung einer wirkungslosen Präsentation Zeit verschlingt. Laienhafte Präsentationen können zudem auch zu einem Imageschaden führen.

Ich hielt auch einen Vortrag auf dieser Messe. Ich bekam die Chance, als Aussteller mein damaliges Unternehmen zu präsentieren. Werbung alleine kommt jedoch selten gut an, also überlegte ich mir, wie ich den Zuhörern einen Nutzen geben könnte. So erzählte ich aus der Unternehmenserfahrung meiner ehemaligen Firma Swissistent und überlegte laut, wie die Welt der Assistenz im Jahr 2020 wohl aussehen könnte. In meinem Publikum saßen hauptsächlich Assistentinnen und Assistenten, die sich dafür interessierten, wie sie in einigen Jahren vermutlich arbeiten würden. Diesen Vortrag hatte ich individuell für die Messe konzipiert.

## Folien bewusst einsetzen

PowerPoint wird oft als der »Schuldige« für schlechte Präsentationen dargestellt. PowerPoint ist jedoch nur ein Tool – das viele falsch anwenden. Wir kritisieren das Programm daher zu Unrecht. PowerPoint kann ein großartiges Tool sein – wenn man es richtig anwendet. Mir fällt dazu ein Beispiel aus dem medizinischen Bereich ein: Richtig verordnet können Drogen in der entsprechenden Dosis Schmerzpatienten das Leben enorm erleichtern. Wird jedoch beispielsweise Morphium ohne medizinischen Zweck in einer Überdosis angewandt, hat das verheerende Folgen! Das Gleiche gilt für jede Präsentationssoftware. Sie sollte zur Visualisierung verwendet werden, nicht jedoch zur Konzeption einer Präsentation. In der richtigen Dosis angewandt – und zwar erst, nachdem der Vortrag fertig konzipiert ist – erzeugt man mit dieser Software Folien, die einen bleibenden Eindruck hinterlassen. Ich empfehle, PowerPoint nie als das Fundament eines Vortrags einzusetzen, sondern nur als Unterstützung.

Zu Beginn meiner beruflichen Laufbahn habe ich mich ebenfalls auf PowerPoint-Folien verlassen. Ich kann mich noch gut an meinen ersten selbst organisierten B2B-Termin mit dem CIO (Chief Information Officer) eines Konzerns mit 3500 Mitarbeitern erinnern. Der IT-Chef kannte die Software, die ich vertrieb, bislang nur aus unserer E-Mail-Kommunikation. Er war so begeistert von dem Produkt, dass er zu unserem Termin kurzerhand alle Abteilungsleiter einlud.

Ich fühlte mich wie ins kalte Wasser geworfen. Der potenzielle Kunde schaute mich ernst an und sagte dann: »Wir würden nun gerne eine Präsentation sehen.« Das war kein kaltes Wasser – das war Stickstoff! Was macht man, wenn man mit einer Überdosis dieses chemischen Elements in Kontakt kommt? Genau: Man kämpft ums Überleben! So öffnete ich damals meine Produktpräsentation und trug sie klassisch vor. Und das Ergebnis? Die Abteilungsleiter konnte ich damit nicht überzeugen. Ich habe keine einzige Lizenz verkauft! Es war die falsche Dosis PowerPoint in der falschen Situation.

Viele Menschen glauben, dass eine andere Präsentationssoftware aus ihnen bessere Redner macht. Doch Folien alleine machen noch keine gute Präsentation aus. Die meisten Tools konzentrieren sich jedoch nur darauf. Egal ob man Inhalte auf einer überdimensionalen Leinwand heranzoomt (Prezi), Folien mit einem 3D-Effekt nutzt (Emaze) oder mit Cartoons arbeitet (PowToon) – das allein bringt noch keine überzeugende Performance.

Leider wird man nicht zum besseren Redner, nur weil die Software zur Foliengestaltung eine andere ist. Das Präsentieren muss auch nicht neu erfunden werden. Es würde schon reichen, das vorhandene Rhetorikwissen sinnvoll anzuwenden und die richtigen Fragen zu stellen. Was ist mit der Analyse des Publikums? Wo ist die klare Botschaft? Wie sieht es mit Stimme, Leidenschaft, Emotionen und Körpersprache aus?

Ich schließe mich dem Folien-Bashing nicht an. Folien sind gut zur Visualisierung geeignet. Aber eine erfolgreiche Präsentation muss heutzutage auf einem anderen Weg erstellt werden. Speech Pad bietet ein mehrstufiges Modell. Zuerst erarbeitest du den Inhalt, dann strukturierst du ihn und bringst ihn in ein Konzept, bevor du Elemente zur Visualisierung nutzt. Das macht dich von jeder Foliensoftware unabhängig und bietet dir die Möglichkeit, frei zu präsentieren.

# Die Zukunft der Präsentations-
gestaltung: Speech Pad

## Mündliche oder schriftliche Präsentation?

Ich kenne viele Dos and Don'ts einer Präsentation. Vom Argument bis
hin zum Zitat. In Unternehmen heißen diese Vorgaben häufig »Cor-
porate-Design-Richtlinien«. Sie umfassen als Teilaspekt die Visualisierung von Präsentationen. Was bedeutet das?

Es wird genau festgelegt, wo das Logo positioniert wird, welche
Schriftarten und Farben verwendet werden dürfen und wie die erste
und die letzte Folie auszusehen haben. Folien fungieren quasi als Vi-
sitenkarte eines Unternehmens, insbesondere, wenn sie zum Down-
load angeboten oder auf Slide-Hosting-Plattformen geladen werden.
Bei den meisten dieser Folien steht jedoch die schriftliche Kommunikation im Vordergrund, sie ersetzen Dokumente und haben so gut wie
nichts mit mündlichen Präsentationen zu tun. Bei diesen steht der
Redner bzw. der Präsentator im Vordergrund. Eine gute mündliche
Präsentation (mit Folien) unterliegt anderen Regeln als Folien, die der
schriftlichen Kommunikation dienen. Die Tabelle auf der folgenden
Seite zeigt die wesentlichen Unterschiede.

Für die mündliche Kommunikation gilt: Folien sollten dem Prä-
sentierenden niemals die Show stehlen, sondern ausschließlich zur
Unterstützung des Gesprochenen dienen. Überzeugende Präsentationen bauen auf Elementen auf, die von den meisten Rednern außer
Acht gelassen werden. Ich denke dabei an die Definition der eigenen
Botschaft, an die Analyse des Publikums – und das damit verbundene
effektive Adressieren der Zuhörer – und vor allem an die Vermittlung
von Emotionen.

| Mögliche Bestand-teile von Folien | Schriftliche Kommunikation (Folien, Handout, Dokument) | Mündliche Präsentation (Visualisierungs-unterstützung) |
|---|---|---|
| Schriftart, Farben | Corporate Design | Corporate Design |
| Schwarze Folien zwischen den Folien | Nein | Ja – immer dann, wenn du zwischen-durch frei sprichst und die aktuell angezeigte Folie nicht zum aktuellen Inhalt passt |
| Hintergrund | Weiß oder Corporate Design | Empfohlen: dunkel oder weiß Oder: Corporate Design |
| Bilder | Unternehmensbilderpool oder qualitativ hoch-wertige Bilder | Ganzseitige Bilder, die eine Botschaft unterstützen (aus Flickr.com, Compfight.com), keine Stockfotos, kein Standard-Bilderpool |
| Zahlen, Daten, Fakten (ZDF) | Zahlen, Daten, Fakten als Text | Idealerweise unterstützt und visua-lisiert durch Metaphern, Analogien oder Assoziationen |
| Disclaimer | Wenn nötig | Nein – denn der Zuhörer kann Schrift-größe 10 oder kleiner ohnehin nicht lesen. |
| Danke für die Aufmerk-samkeit / Fragen-Folien | Nein – ganz ehrlich: Wozu? | Nein – ganz ehrlich: Wozu? |
| Logo auf der Folie | Wenn nötig | Nur bei der Titelfolie. Bei den späte-ren ist das Logo störend und unnötig. (Ausnahme: auf Messen, wenn es Laufpublikum gibt und immer wieder neue Besucher zur Präsentation dazu stoßen) |

Unterschiede schriftliche Kommunikation / mündliche Präsentation – empfohlene Verwendung von Folien

## Die zwei Ebenen der Überzeugung

Eine gute Führungskraft muss in der Lage sein, ihr Gegenüber zu überzeugen, egal ob dieses Gegenüber aus fünf oder 500 Personen be-steht. Aber was bedeutet »überzeugen« eigentlich? Im Duden Online ist der Begriff wie folgt definiert:

*(einen anderen) durch einleuchtende Gründe, Beweise dazu bringen, etwas als wahr, richtig, notwendig anzuerkennen*

Ich finde, das reicht nicht aus. Wenn ich von »überzeugen« spreche, meine ich noch etwas anderes: Ich möchte jemanden durch die Kraft meiner Rede dazu bewegen, eine Handlung auszuführen. Das Englische bietet aus meiner Sicht eine viel passendere Definition:

> *to convince: to cause (someone) to believe that something is true*
>   *(jemanden glauben lassen, dass etwas wahr ist)*
> *to persuade: to cause (someone) to do something by asking, arguing or*
>   *giving reasons*
>   *(jemanden eine Handlung ausführen lassen, indem man fragt,*
>   *diskutiert oder Argumente liefert)*[18]

Jemanden etwas glauben zu lassen ist vergleichsweise einfach – sofern es gelingt, Behauptungen durch Begründungen zu bekräftigen und mögliche Einwände zu entkräften. Wenn du deine Behauptungen durch erwiesene Fakten (Beweise) und Beispiele belegen kannst, wird dein Gegenüber noch weniger Einwände vorbringen. Doch wie kann ich jemanden, der keine Einwände mehr vorbringt, zur Handlung bewegen? Dazu ein Beispiel: Dass Rauchen ungesund ist, lässt sich nicht bestreiten. Die meisten Raucher sind sich dieser Tatsache bewusst. Um jemanden dazu zu bewegen, mit dem Rauchen aufzuhören, braucht es allerdings mehr Überzeugungskraft. Pure Argumente (Fakten) alleine reichen dann nicht mehr aus. Stütze ich diese Argumente durch den Einsatz von Emotionen oder Geschichten (und Erlebnissen, verbunden mit Emotionen), nähere ich mich dem zweiten Level der Überzeugung an.

Überzeugen kann also in zwei Ebenen aufgeteilt werden. Auf der ersten Ebene kannst du durch plausible Argumente, Fakten und Beweise überzeugen. Beständige Überzeugung und daraus folgende Handlungen kannst du nur auf der zweiten Ebene erreichen: Emotionen!

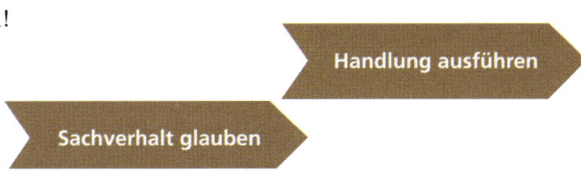

1. Ebene: Argumente, Zahlen, Daten, Fakten, Beweise
2. Ebene: Emotionen, Metaphern, Geschichten

Überzeugen bedeutet für mich aber keinesfalls »überreden«. Die Zuhörer und Gesprächspartner sollen eine Handlung ausführen, weil sie von uns, dem Produkt oder dem Sachverhalt überzeugt sind. Nicht aber, weil sie verpflichtet, überredet oder vielleicht manipuliert wurden. Wie du dich auf ganz natürliche Weise überzeugend präsentierst, erfährst du in den nächsten Kapiteln dieses Buches.

## Für wen eignet sich Speech Pad?

Es gibt heute ganz unterschiedliche Arten von Präsentationen mit ebenso unterschiedlichen Zielen. Das Ziel einer informativen Präsentation besteht darin, Fakten zu liefern; und diese Fakten sollten möglichst so präsentiert werden, dass die Zuhörer sich diese leicht merken können. Eine Keynote hingegen sollte das Publikum inspirieren und bewegen.

Speech Pad liefert für jede Art von Präsentation die richtigen Werkzeuge. Im Kapitel »Speech Pad Schritt für Schritt« beschreibe ich die wesentlichen Aspekte auf Basis des Präsentationstyps »Keynote-Vortrag«. Im Kapitel »Speech Pad angewandt« gehe ich näher auf die verschiedenen Präsentationstypen ein und zeige, wie diese zu verwenden sind.

Speech Pad ist ein Werkzeugkoffer für Menschen, die kommunizieren. Für Visionäre, die Leidenschaft für ihre Botschaft empfinden. Für Persönlichkeiten, die andere gerne von ihrer Botschaft überzeugen möchten. Für Unternehmer, die Pionierarbeit leisten. Für Leader, die bewegen. Für Menschen, die die Kommunikationskultur in Unternehmen sowohl nach innen als auch nach außen verbessen möchten. Für Macher!

Speech Pad ist für alle, die im Alltag überzeugen möchten. Dabei ist es ganz egal, ob der Gesprächspartner der Kollege oder der Mitarbeiter ist. Speech Pad eignet sich auch hervorragend für die Weiterbildungsbranche, um Inhalte merkfähig zu gestalten, oder für den Vertrieb, um mit zielgerichteten Argumenten zu punkten.

## Wie Speech Pad im Detail aufgebaut ist

Speech Pad umfasst drei aufeinanderfolgende Teile: Inhalte aufbereiten, Präsentation erstellen und Präsentation vorbereiten.

Im ersten Teil (»Inhalte aufbereiten«) entwickelst du deine Ideen und arbeitest sie publikumsgerecht auf. Du wirst mit Fragen konfrontiert, an die du womöglich noch nicht gedacht hast und die dir helfen, deine Botschaft noch klarer hervorstechen zu lassen. Daraus entsteht ein Grundgerüst für deinen Inhalt, auf das du später aufbaust. Die folgenden fünf Bereiche wirst du näher kennenlernen: Kernbotschaft finden, Publikum analysieren, brillante Argumente erstellen, Emotionen durch Geschichten auslösen und Glaubwürdigkeit vermitteln. Checklisten und Übungen helfen dir, diese Bereiche bei deinem Auftritt gut abzudecken.

Im zweiten Teil (»Präsentation erstellen«) verknüpfst du deinen Inhalt und bringst ihn in eine Struktur. Die Struktur ist maßgeblich für den Erfolg des Auftritts. Durch die richtige Wortwahl und die richtigen Metaphern wird sich auch deine Körpersprache verändern und du stellst eine gute Bildhaftigkeit sicher. Du wirst lernen, deinen Inhalt bühnenreif aufzupolieren – bis du dir am Ende sogar Gedanken über die konkrete Bühne machst. Visuelle Hilfsmittel sind der letzte Schritt zur erfolgreichen Präsentation.

Im dritten Teil (»Präsentation vorbereiten«) erfährst du, worauf es bei der Präsentationsvorbereitung wirklich ankommt. Du nutzt Techniken, um dir deine Inhalte leicht einzuprägen, und erhältst Hilfsmittel, wie du mit unvorhergesehenen Situationen bei deinem Auftritt perfekt umgehen kannst. Die Vorbereitung besteht also nicht darin, die Präsentation zu erstellen, sondern alle Gegebenheiten am Vortragsort so gut zu kennen, dass man auch auf Unvorhersehbares bestmöglich reagieren kann. Die Situation ist mit der eines Piloten vergleichbar: Die Vorbereitung eines Fluges besteht darin, das Flugzeug inklusive der Sicherheitssysteme zu überprüfen und damit auf Unvorhergesehenes bestmöglich vorbereitet zu sein.

# Speech Pad im Überblick

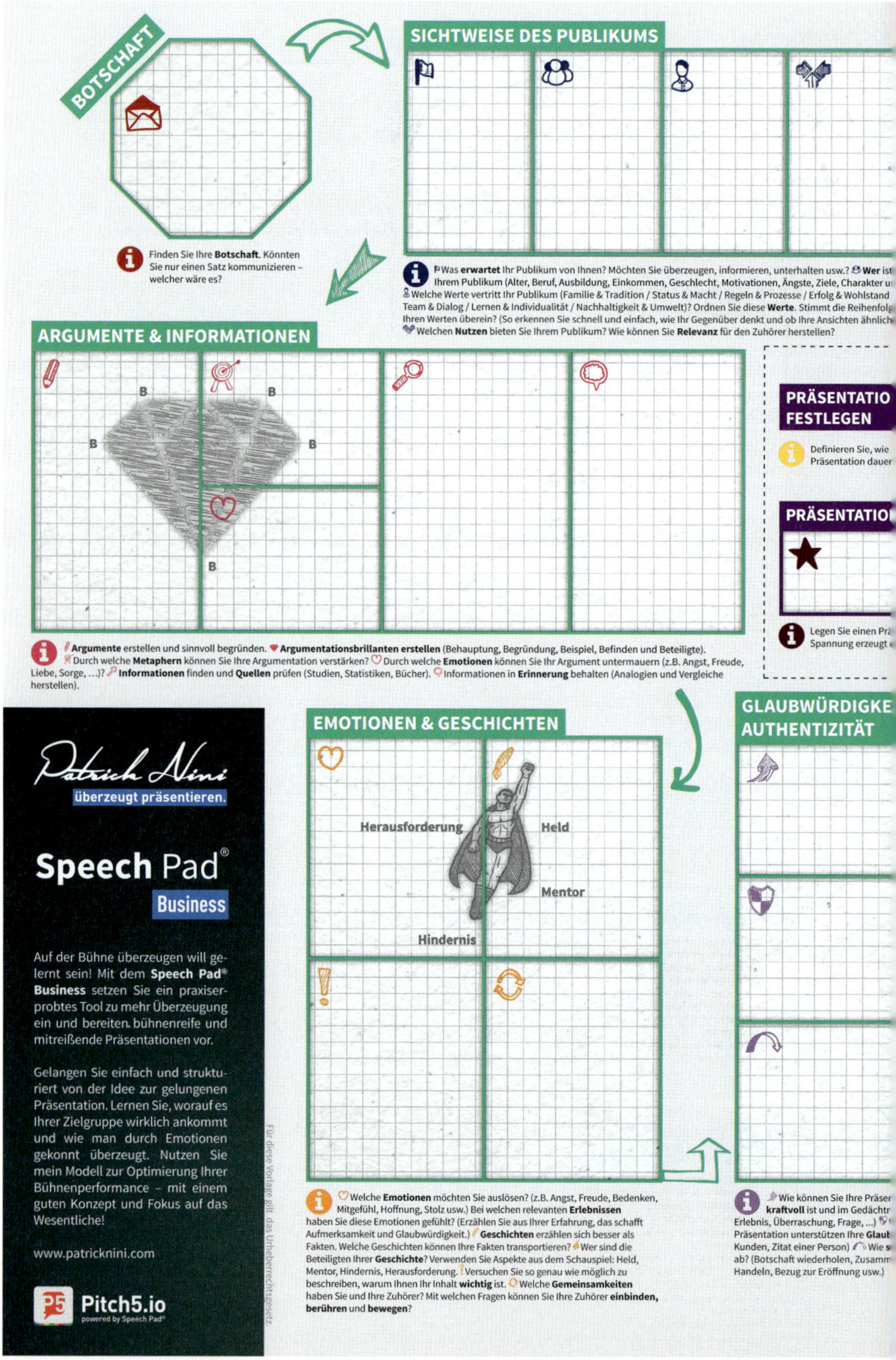
BOTSCHAFT
Finden Sie Ihre Botschaft. Könnten Sie nur einen Satz kommunizieren – welcher wäre es?
SICHTWEISE DES PUBLIKUMS
Was erwartet Ihr Publikum von Ihnen? Möchten Sie überzeugen, informieren, unterhalten usw.? Wer ist
Ihrem Publikum (Alter, Beruf, Ausbildung, Einkommen, Geschlecht, Motivationen, Ängste, Ziele, Charakter u
Welche Werte vertritt Ihr Publikum (Familie & Tradition / Status & Macht / Regeln & Prozesse / Erfolg & Wohlstand
Team & Dialog / Lernen & Individualität / Nachhaltigkeit & Umwelt)? Ordnen Sie diese Werte. Stimmt die Reihenfolg
Ihren Werten überein? (So erkennen Sie schnell und einfach, wie Ihr Gegenüber denkt und ob Ihre Ansichten ähnlich
Welchen Nutzen bieten Sie Ihrem Publikum? Wie können Sie Relevanz für den Zuhörer herstellen?
ARGUMENTE & INFORMATIONEN
B
B
B
B
B
Argumente erstellen und sinnvoll begründen. Argumentationsbrillanten erstellen (Behauptung, Begründung, Beispiel, Befinden und Beteiligte). Durch welche Metaphern können Sie Ihre Argumentation verstärken? Durch welche Emotionen können Sie Ihr Argument untermauern (z.B. Angst, Freude, Liebe, Sorge, …)? Informationen finden und Quellen prüfen (Studien, Statistiken, Bücher). Informationen in Erinnerung behalten (Analogien und Vergleiche herstellen).
PRÄSENTATIO
FESTLEGEN
Definieren Sie, wie
Präsentation dauer
PRÄSENTATIO
Legen Sie einen Prä
Spannung erzeugt
Patrick Nini
überzeugt präsentieren.
Speech Pad®
Business
Auf der Bühne überzeugen will gelernt sein! Mit dem Speech Pad® Business setzen Sie ein praxiserprobtes Tool zu mehr Überzeugung ein und bereiten bühnenreife und mitreißende Präsentationen vor.
Gelangen Sie einfach und strukturiert von der Idee zur gelungenen Präsentation. Lernen Sie, worauf es Ihrer Zielgruppe wirklich ankommt und wie man durch Emotionen gekonnt überzeugt. Nutzen Sie mein Modell zur Optimierung Ihrer Bühnenperformance – mit einem guten Konzept und Fokus auf das Wesentliche!
www.patricknini.com
Pitch5.io
powered by Speech Pad®
Für diese Vorlage gilt das Urheberrechtsgesetz
EMOTIONEN & GESCHICHTEN
Herausforderung
Held
Mentor
Hindernis
Welche Emotionen möchten Sie auslösen? (z.B. Angst, Freude, Bedenken, Mitgefühl, Hoffnung, Stolz usw.) Bei welchen relevanten Erlebnissen haben Sie diese Emotionen gefühlt? (Erzählen Sie aus Ihrer Erfahrung, das schafft Aufmerksamkeit und Glaubwürdigkeit.) Geschichten erzählen sich besser als Fakten. Welche Geschichten können Ihre Fakten transportieren? Wer sind die Beteiligten Ihrer Geschichte? Verwenden Sie Aspekte aus dem Schauspiel: Held, Mentor, Hindernis, Herausforderung. Versuchen Sie so genau wie möglich zu beschreiben, warum Ihnen Ihr Inhalt wichtig ist. Welche Gemeinsamkeiten haben Sie und Ihre Zuhörer? Mit welchen Fragen können Sie Ihre Zuhörer einbinden, berühren und bewegen?
GLAUBWÜRDIGKE
AUTHENTIZITÄT
Wie können Sie Ihre Präser
kraftvoll ist und im Gedächtr
Erlebnis, Überraschung, Frage, …)
Präsentation unterstützen Ihre Glaub
Kunden, Zitat einer Person) Wie s
ab? (Botschaft wiederholen, Zusamm
Handeln, Bezug zur Eröffnung usw.)

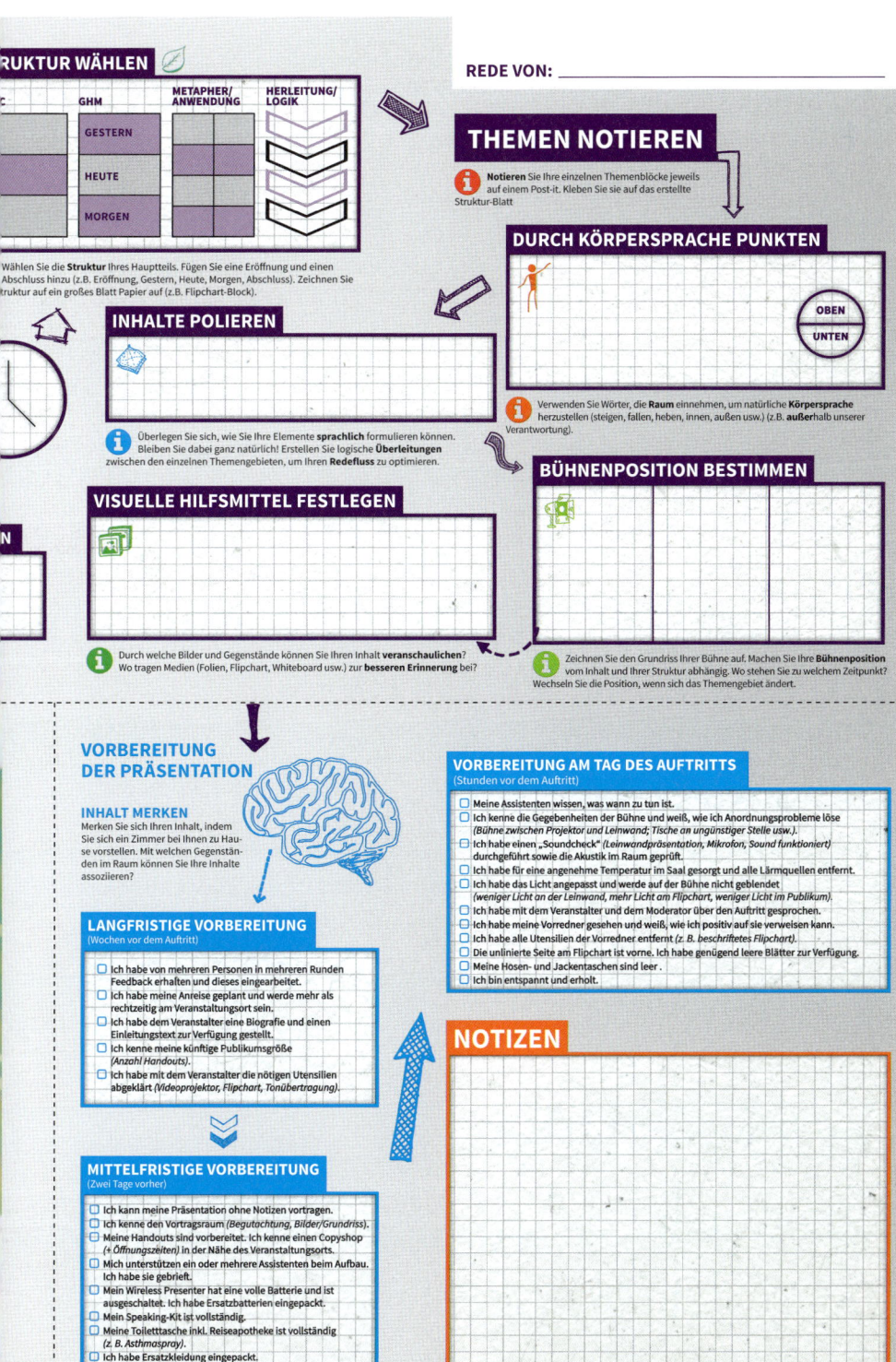

## RUKTUR WÄHLEN

| | GHM | METAPHER/ ANWENDUNG | HERLEITUNG/ LOGIK |
|---|---|---|---|
| | GESTERN | | |
| | HEUTE | | |
| | MORGEN | | |

Wählen Sie die **Struktur** Ihres Hauptteils. Fügen Sie eine Eröffnung und einen Abschluss hinzu (z.B. Eröffnung, Gestern, Heute, Morgen, Abschluss). Zeichnen Sie truktur auf ein großes Blatt Papier auf (z.B. Flipchart-Block).

**REDE VON:** _____

## THEMEN NOTIEREN

ℹ **Notieren** Sie Ihre einzelnen Themenblöcke jeweils auf einem Post-it. Kleben Sie sie auf das erstellte Struktur-Blatt

## DURCH KÖRPERSPRACHE PUNKTEN

OBEN
UNTEN

ℹ Verwenden Sie Wörter, die **Raum** einnehmen, um natürliche **Körpersprache** herzustellen (steigen, fallen, heben, innen, außen usw.). (z.B. **außer**halb unserer Verantwortung).

## INHALTE POLIEREN

ℹ Überlegen Sie sich, wie Sie Ihre Elemente **sprachlich** formulieren können. Bleiben Sie dabei ganz natürlich! Erstellen Sie logische **Überleitungen** zwischen den einzelnen Themengebieten, um Ihren **Redefluss** zu optimieren.

## BÜHNENPOSITION BESTIMMEN

## VISUELLE HILFSMITTEL FESTLEGEN

ℹ Durch welche Bilder und Gegenstände können Sie Ihren Inhalt **veranschaulichen**? Wo tragen Medien (Folien, Flipchart, Whiteboard usw.) zur **besseren Erinnerung** bei?

ℹ Zeichnen Sie den Grundriss Ihrer Bühne auf. Machen Sie Ihre **Bühnenposition** vom Inhalt und Ihrer Struktur abhängig. Wo stehen Sie zu welchem Zeitpunkt? Wechseln Sie die Position, wenn sich das Themengebiet ändert.

## VORBEREITUNG DER PRÄSENTATION

### INHALT MERKEN
Merken Sie sich Ihren Inhalt, indem Sie sich ein Zimmer bei Ihnen zu Hause vorstellen. Mit welchen Gegenständen im Raum können Sie Ihre Inhalte assoziieren?

### LANGFRISTIGE VORBEREITUNG
(Wochen vor dem Auftritt)

- ☐ Ich habe von mehreren Personen in mehreren Runden Feedback erhalten und dieses eingearbeitet.
- ☐ Ich habe meine Anreise geplant und werde mehr als rechtzeitig am Veranstaltungsort sein.
- ☐ Ich habe dem Veranstalter eine Biografie und einen Einleitungstext zur Verfügung gestellt.
- ☐ Ich kenne meine künftige Publikumsgröße (Anzahl Handouts).
- ☐ Ich habe mit dem Veranstalter die nötigen Utensilien abgeklärt (Videoprojektor, Flipchart, Tonübertragung).

### MITTELFRISTIGE VORBEREITUNG
(Zwei Tage vorher)

- ☐ Ich kann meine Präsentation ohne Notizen vortragen.
- ☐ Ich kenne den Vortragsraum (Begutachtung, Bilder/Grundriss).
- ☐ Meine Handouts sind vorbereitet. Ich kenne einen Copyshop (+ Öffnungszeiten) in der Nähe des Veranstaltungsorts.
- ☐ Mich unterstützen ein oder mehrere Assistenten beim Aufbau. Ich habe sie gebrieft.
- ☐ Mein Wireless Presenter hat eine volle Batterie und ist ausgeschaltet. Ich habe Ersatzbatterien eingepackt.
- ☐ Mein Speaking-Kit ist vollständig.
- ☐ Meine Toilettasche inkl. Reiseapotheke ist vollständig (z. B. Asthmaspray).
- ☐ Ich habe Ersatzkleidung eingepackt.

### VORBEREITUNG AM TAG DES AUFTRITTS
(Stunden vor dem Auftritt)

- ☐ Meine Assistenten wissen, was wann zu tun ist.
- ☐ Ich kenne die Gegebenheiten der Bühne und weiß, wie ich Anordnungsprobleme löse (Bühne zwischen Projektor und Leinwand; Tische an ungünstiger Stelle usw.).
- ☐ Ich habe einen „Soundcheck" (Leinwandpräsentation, Mikrofon, Sound funktioniert) durchgeführt sowie die Akustik im Raum geprüft.
- ☐ Ich habe für eine angenehme Temperatur im Saal gesorgt und alle Lärmquellen entfernt.
- ☐ Ich habe das Licht angepasst und werde auf der Bühne nicht geblendet (weniger Licht an der Leinwand, mehr Licht am Flipchart, weniger Licht im Publikum).
- ☐ Ich habe mit dem Veranstalter und dem Moderator über den Auftritt gesprochen.
- ☐ Ich habe meine Vorredner gesehen und weiß, wie ich positiv auf sie verweisen kann.
- ☐ Ich habe alle Utensilien der Vorredner entfernt (z. B. beschriftetes Flipchart).
- ☐ Die unlinierte Seite am Flipchart ist vorne. Ich habe genügend leere Blätter zur Verfügung.
- ☐ Meine Hosen- und Jackentaschen sind leer.
- ☐ Ich bin entspannt und erholt.

## NOTIZEN

# Speech Pad Schritt für Schritt

*»Rhetorik ist die Kunst, einem Gedanken Brillanz zu verleihen.«*

CICERO[19]

Speech Pad hilft dir dabei, in nur wenigen Schritten aus einer Präsentationsidee ein fertiges Präsentationskonzept zu erstellen. Welche Schritte das genau sind, erfährst du in diesem Kapitel. Ich gehe jeden einzelnen Schritt mit dir durch und zeige anhand von Praxisbeispielen, wie du ihn für dich anwenden kannst. Außerdem kannst du dich innerhalb des Speech-Pad-Modells schon einmal weiter vorwärtsbewegen, wenn dir zu einem Aspekt noch nichts einfällt, oder zurückbewegen, solltest du später eine bessere Idee dazu haben. Du kannst Speech Pad offline auf dem Papier nutzen oder online als Web-App unter www.pitch5.io. Und jetzt lass uns beginnen. Starten wir mit der Botschaft.

# Teil 1: Inhalte aufbereiten

 **Die Botschaft als zentrales Element**

Starte mit der Definition deiner Botschaft. Sie ist der Kern deines Auftritts und verdient daher die größte Aufmerksamkeit. Alle nachfolgenden Schritte bauen auf deiner Botschaft auf und verstärken diese.

Dianna Booher, eine US-amerikanische Kommunikationsexpertin, trifft den Nagel auf den Kopf, wenn sie sagt: »Wenn es dir nicht gelingt, deine Botschaft in einem Satz zu definieren, kannst du deine Botschaft auch nicht in einer Stunde vermitteln.«[20] Sie hat vollkommen recht. Die Botschaft ist der zentrale Satz, der im Kopf jedes Zuhörers haften bleibt. Wie kannst du sie optimal gestalten?

- Durch Argumente & Informationen kannst du deine Botschaft unterstützen.
- Durch Emotionen & Geschichten erzeugst du Aufmerksamkeit, Neugier und eine emotionale Verbindung.
- Durch Glaubwürdigkeit & Authentizität transportierst du deine Botschaft gekonnt und eindrucksvoll.

*Bringe es auf den Punkt!*

Es gibt kommunikative Situationen, in denen wir aus den unterschiedlichsten Gründen »um den heißen Brei herumreden«. Wir wissen manchmal nicht so genau, was wir eigentlich kommunizieren möchten, oder nehmen Unwichtiges als wichtig wahr. In diesem Moment geht die Aufmerksamkeit der Zuhörer verloren. Nur wenn wir unsere Botschaft auf den Punkt bringen, können wir Menschen letztlich überzeugen. Eine klar definierte und formulierte Botschaft enthält die Quintessenz deiner Präsentation und stellt sicher, dass diese beim Zuhörer ankommt.

Doch was bedeutet das? Wenn jemand fünf Botschaften hat, ist es dieser Person im Grunde gar nicht möglich, auf den (einen) Punkt zu kommen. Die Frage ist doch: Wenn wir unsere Botschaft in einem Satz bündeln können, warum sollten wir dann fünf oder sogar fünfzig Minuten darüber reden? Und wie erkennt man nun, ob das Gesagte dazu dient, die Botschaft zu unterstützen, oder ob es sich um das erwähnte »Um den heißen Brei herumreden« handelt?

Erinnere dich: Wann hast du zuletzt jemandem zugehört, dem du sprichwörtlich an den Lippen gehangen hast? Und wann hast du im Gegenteil eine Situation erlebt, in der du dir gewünscht hast, dass dein Gesprächspartner endlich auf den Punkt kommt? Was war der Unterschied zwischen diesen beiden Situationen?

Denke zunächst an den Inhalt. Welche der folgenden Eigenschaften weist der Inhalt in der ersten Situation auf?

Merkmale einer Botschaft

Je mehr dieser Eigenschaften auf den Inhalt oder den Gesprächspartner selbst zutreffen, desto mehr hat der Zuhörer das Gefühl, dass der Sprecher auf den Punkt kommt. Und desto mehr wird er ihm folgen.

- Relevant / interessant: Was du inhaltlich rüberbringst (und die Botschaft, die du damit vermitteln möchtest), sollte für deinen Zuhörer relevant sein und ihn oder seine Arbeit beeinflussen. Außerdem sollte die Botschaft Interesse wecken.
- Neu: Deine Botschaft sollte neu sein. Das Publikum sollte neue Ansätze und Einblicke erhalten.
- Verständlich: Deine Botschaft sollte klar und verständlich sein. Es sollten keine Missverständnisse und Verwechslungen auftreten.
- Wertvoll: Deine Botschaft sollte einen Mehrwert für dein Publikum bieten und es bereichern.

- Wahr: Deine Botschaft muss tunlichst wahr sein. Der Inhalt und deine Argumente müssen plausibel und stichhaltig sein.
- Emotional: Die Botschaft löst Emotionen aus, sie spricht an, wo es beim Kunden wirklich »brennt«.

Zudem müssen alle Elemente deiner Präsentation natürlich deine Kernbotschaft unterstützen. Das Auffassungsvermögen eines Menschen ist jedoch beschränkt. Wir werden tagtäglich mit mehr Informationen konfrontiert, als wir aufnehmen können. Aus diesem Grund musst du es deinem Zuhörer so leicht wie nur möglich machen. Je einfacher du deine Botschaft formulierst, desto schneller kann sie vom Zuhörer aufgenommen werden und desto länger bleibt sie in seinem Gedächtnis.

Eine weit verbreitete Regel in der Softwareentwicklung ist das Prinzip KISS – Keep it short and simple. Das bedeutet: so kurz und einfach wie möglich. Dieses Prinzip kannst du hervorragend auf die Gestaltung deiner Botschaft anwenden. Halte die Botschaft so kurz (in einem Satz) und so einfach (leicht verständlich) wie möglich!

Aufbauend auf dieser Botschaft geht es in den nächsten Schritten darum, Redeelemente wie etwa Argumente, Informationen, Geschichten und Zitate zu sammeln und einzuarbeiten.

## KONKRET

 Eine gute Kernbotschaft zu finden ist der schwierigste Teil der Präsentation. »Mal schnell« darüber nachdenken reicht oftmals nicht aus. Manchmal dauert dieser Prozess Stunden, Tage oder Wochen. Das hängt unter anderem auch von der Art der Präsentation oder dem Vortragsthema ab. Bei einer guten Keynote-Rede kann sich dieser Prozess sogar über Monate oder gar Jahre hinziehen. Für den Fall, dass du dein »Herzstück« noch nicht gefunden hast, stell dir folgende Fragen:

 1. Wie fasse ich meine Vortragsidee in nur einem Satz zusammen?

2. Was ist das Wichtigste, was ich meinen Zuhörern mitgeben möchte?
3. Wenn ich einen der Teilnehmer Wochen oder Jahre später wieder treffe: Woran soll er sich erinnern?

Natürlich kann es auch sein, dass du bereits einige konkrete Botschaften für deinen Vortrag mit dir herumträgst oder dass dir gerade sogar mehrere Botschaften eingefallen sind. Notiere all diese Botschaften. Es wird sich während der Ausarbeitung der Präsentation eine Kernbotschaft herauskristallisieren. Die anderen eignen sich dann oft dazu, die Kernbotschaft zu unterstützen.

Falls du schon eine gute Idee hast: Formuliere den einen Satz, der deine Botschaft widerspiegelt! Ein Satz – eine Botschaft! Zum Beispiel: »Auf Social Media kann heute niemand mehr verzichten«, wenn du eine Präsentation über die Anwendung von Social Media hältst. Oder: »Wir alle können etwas dazu beitragen, die Welt besser zu machen«, wenn es um das Thema Zivilcourage geht.

Falls du mehr als eine Idee hast: Schreibe deine verschiedenen Botschaften auf und ordne sie nach Wichtigkeit.

Falls dir keine Botschaft eingefallen ist, gehe weiter zum nächsten Schritt. Spätestens bei »Argumente erstellen« oder allerspätestens beim »Geschichten finden« wirst du dir über deine Botschaft im Klaren sein. Du kannst im Speech Pad jederzeit wieder zurück zum Schritt »Botschaft« springen. Achte aber darauf, dass die nachfolgenden Schritte auf der Botschaft aufbauen.

| Ja | Nein | |
|----|------|---|
| ☐ | ☐ | Ist meine Botschaft klar und verständlich? |
| ☐ | ☐ | Ist meine Botschaft kurz und bündig (KISS: Keep it short and simple)? |
| ☐ | ☐ | Trifft meine Botschaft den sprichwörtlichen Nagel auf den Kopf? |
| ☐ | ☐ | Ist meine Botschaft unverwechselbar? |
| ☐ | ☐ | Ist meine Botschaft für mein Publikum relevant und interessant? |
| ☐ | ☐ | Ist meine Botschaft »neu«? Handelt es sich um eine Botschaft, die nicht bereits zig Mal verbreitet wurde? |
| ☐ | ☐ | Liefert meine Botschaft einen Mehrwert für mein Publikum? |
| ☐ | ☐ | Nimmt mir das Publikum meine Botschaft ab? |
| ☐ | ☐ | Löst meine Botschaft Emotionen im Publikum aus? |

## ÜBUNGEN

### BOTSCHAFT ERKENNEN

**Finde die Botschaft im folgenden Text und schreibe sie auf:**

*»Die spezielle Eigenschaft von Radium liegt in der Intensität der Strahlung, die einige Millionen Mal stärker ist als die Strahlung von Uran. Die Wirkung der Strahlung macht Radium so wichtig. Von einem praktischen Gesichtspunkt aus ist die Auslösung physiologischer Effekte auf die Zellen*

*des menschlichen Organismus die weitaus wichtigste Eigenschaft von Radium. Diese Effekte können genutzt werden, um verschiedene Krankheiten zu heilen. In vielen Fällen haben wir gute Resultate erzielt. Als besonders wichtig sehen wir die Behandlung von Krebserkrankungen an. Der Einsatz von Radium für medizinische Zwecke macht es notwendig, dieses Element in ausreichenden Mengen zu erzeugen. Daher wurde eine Fabrik in Frankreich und später auch eine in Amerika gegründet, um mit der Produktion zu beginnen. In Amerika sind große Mengen eines Erzes namens Karbonit verfügbar. Amerika produziert jetzt pro Jahr viele Gramm Radium, aber der Preis bleibt noch immer sehr hoch, weil nur geringe Mengen des Elementes Radium im Erz vorhanden sind. Daher ist Radium mehr als hunderttausend Mal kostbarer als Gold.«*[21]

**Die gefundene Botschaft:**

---

## ERZIEHUNG

Welche Botschaft möchtest du einem ungeduldigen Kind (vielleicht deinem eigenen) an einer roten Fußgängerampel mitgeben?

---

## EINE REISE IN DIE VERGANGENHEIT

Du triffst dein zehnjähriges Ich wieder. Welche Botschaft möchtest du ihm mitgeben?

---

Was ist die wichtigste Lehre, die du bislang aus deinem Leben gezogen hast?

---

## Die Sichtweise deines Publikums kennen

Damit du deine Botschaft gut transportieren kannst und sie beim Publikum Anklang findet, solltest du erst einmal herausfinden, mit wem du es zu tun hast. Erst wenn du weißt, zu wem du sprichst und warum deine Botschaft für deine Zuhörer von Bedeutung ist, kannst du sie effektiv platzieren. In diesem Schritt lernst du, wie du dein Publikum analysierst. Erst dann kannst du deine Präsentation dieser Zielgruppe entsprechend konzipieren.

 *Die Situation bestimmen/bewerten*

Es geht an dieser Stelle zunächst darum, die Situation zu bestimmen. Der Redner sollte sich in Erinnerung rufen, aus welchem Grund er eigentlich auf der Bühne steht. Aristoteles definierte drei Redegattungen: Gerichtsrede, Lobesrede und Beratungsrede. In jeder dieser Gattungen findet sich der Redner in einer anderen Rolle und Situation wieder. Ist es die Rolle des Anwalts, der seinen Klienten verteidigt? Oder die des Brautvaters, der die Hochzeitsansprache hält? Oder fungiert der Redner als Berater, der eine Entscheidung herbeiführen möchte?

Das Konzept der drei Gattungen hält sich bis heute. Man könnte die Beratungsrede als Container für alle Reden und Präsentationen sehen, in denen Informationen vermittelt werden.[22] Andererseits ist es nicht unbedingt sinnvoll, sich auf diese drei Gattungen zu beschränken. Um eine konkrete Situation bestimmen zu können, ist der Begriff »Gattung« zu allgemein. Es bietet sich an, die Redetypen nach ihrem jeweiligen Zweck zu gliedern. Nehmen wir beispielsweise einen Finanzierungs-Pitch oder eine Produktpräsentation. Vorab stellt sich der Präsentator die Frage:

- Aus welchem Grund mache ich den Finanzierungs-Pitch? Was möchte ich erreichen / bezwecken?
- Aus welchem Grund mache ich diese Produktpräsentation? Was möchte ich erreichen / bezwecken?

Kennst du den Zweck, dann lassen sich daraus auch deine Beziehungen zum Publikum und deine Rolle als Redner ableiten. Darüber hinaus spielen die persönlichen Erfahrungen der Zuhörer, ihre Vorurteile und ihr Vorwissen eine Rolle – Faktoren, auf die du wenig Einfluss hast.

Ein konkretes Beispiel: Wenn jemand heute bei einer Start-up-Veranstaltung eine Präsentation über eine neue Web-Community hält, reagiere ich anders als noch vor fünf Jahren. Damals hätten mich vermutlich viele dieser Präsentationen begeistert oder zum Mitentwickeln angeregt. Heute denke ich eher: »Dismissed.« Warum ist das so? In den letzten fünf Jahren habe ich unzählige Web-Plattformen kommen und gehen sehen und bin auch froh, wenn ich Dinge mal offline machen kann. Daher habe ich einen gewissen Filter entwickelt, der mich diese Präsentationen anders wahrnehmen lässt als noch vor einigen Jahren. Dieser Filter ist durch persönliche Erfahrungen entstanden.

Versuche herauszufinden, welche Filter deine Zuhörer nutzen könnten. Wenn du sie kennst, kannst du gewisse Vorurteile außer Kraft setzen und darauf eingehen. In verschiedenen Vortragssituationen gibt es natürlich unterschiedliche Filter. Die Situationsanalyse hilft dir, dir einen Überblick über die Situation zu verschaffen. Die Tabelle erhebt keinen Anspruch auf Vollständigkeit, denn man kann Präsentationen in den unterschiedlichsten Situationen halten.

| Veranstal-tungsart | Rolle/ Beziehung | Redeart/ Zweck | Rahmen-bedingungen | Erwartungs-haltung |
|---|---|---|---|---|
| Gerichtsprozess | Anwalt des Angeklagten | Gerichtsrede: Verteidigungs-plädoyer | Der Kläger fordert 25.000 Euro Konven-tionalstrafe aufgrund einer Konkurrenz-klausel. Ich möchte den Richter überzeu-gen, das Urteil zu unseren Gunsten zu fällen. | Der Richter möchte sich meine Argumente anhö-ren. Er strebt eventuell einen Vergleich an bzw. möchte eine Entschei-dung treffen können. |
| Hochzeit | Brautvater | Lobesrede: Hochzeits-ansprache | Meine Tochter hei-ratet. | Die Tochter und die Gäs-te erwarten eine emoti-onale Rede mit meinem »Segen« und den besten Wünschen. |
| Messe | Experte für das jeweilige Thema | Keynote-Rede | Ich halte die Rede, mit der die Veran-staltung eröffnet wird. | Das Publikum möchte inspiriert und an die Ver-anstaltung herangeführt werden – und etwas Neues lernen. |
| Jahreshaupt-versammlung eines Vereins | Kassierer oder Rechnungs-prüfer | Informative Präsentation | Einmal im Jahr müs-sen die Finanzen des Vereins überprüft werden. | Die Mitglieder wollen et-was über den finanziel-len Zustand des Vereins erfahren. |
| Teammeeting | Teammitglied/ Software-Architekt | Technische Präsentation | Die Technologie soll in anderen Bereichen eingesetzt werden. Das existierende Wissen soll vermit-telt werden. | Die Mitglieder möchten das Wichtigste über die Technologie erfahren, die bereits im Team ein-gesetzt wird, sodass sie von anderen ebenfalls genutzt werden kann. |
| Finanzierungs-Pitch | Unternehmer, Investoren-sucher | Finanzierungs-Pitch | Der Unternehmer trägt den Investoren Gründe vor, warum es für sie eine gute Entscheidung ist, in das Unternehmen zu investieren. | Fakten über das Un-ternehmen/den Markt erfahren. <br> ▪ zu lösendes Problem <br> ▪ Lösung/USP <br> ▪ Markt/Wettbewerb <br> ▪ Geschäftsmodell <br> ▪ Finanzen |

Situationsanalyse

*Veranstaltungsart:* Sie gibt Aufschluss über folgende Fragestellungen:

- Welchen Inhalt hat die Veranstaltung?
- Was ist der Zweck der Veranstaltung?
- Wie sehen die Rahmenbedingungen aus?
- Wer sind die teilnehmenden Personen?
- Unter welchem Thema oder Motto steht die Veranstaltung?

*Rolle/Beziehung:* Deine Rolle bestimmt die Beziehung zwischen dir und den teilnehmenden Personen, beispielsweise dem Veranstalter oder dem Publikum. Sie sagt viel darüber aus, wie du wahrgenommen wirst. Darüber hinaus kann, je nach Art der Veranstaltung, auch der Status (= Machtgefälle in der Beziehung) zwischen dir und den Teilnehmern eine Rolle spielen.

*Redeart/Zweck:* Die Art der Rede definiert, worauf es bei der Rede bzw. Präsentation ankommt und was du damit bezwecken möchtest.

*Rahmenbedingungen:* Die Rahmenbedingungen geben Klarheit über die Gegebenheiten. Warum hältst du den Vortrag und was ist von den Auftraggebern vorgegeben?

*Erwartungshaltung:* Sie ist der Anspruch, den das Publikum an dich hat, und hängt eng mit deiner Rolle als Redner zusammen. Es geht hier um das »Wozu«. Wozu hältst du den Vortrag?

## KONKRET

Verwende die Tabelle »Situationsanalyse« auf der vorherigen Seite. Beschreibe die Situation so konkret wie möglich. Dann kannst du die Erwartungshaltung deiner Zuhörer berücksichtigen und die Rahmenbedingungen erfüllen. Manches wird uns erst bewusst, wenn wir uns darüber intensiver Gedanken gemacht haben – am besten hilft das Aufschreiben.

| Ja | Nein | |
|----|------|---|
| ☐ | ☐ | Ich bin mir der Art der Veranstaltung bewusst. |
| ☐ | ☐ | Ich bin mir meiner Rolle als Redner gegenüber meinen Zuhörern bewusst. |
| ☐ | ☐ | Ich kenne den Zweck und die Rahmenbedingungen meiner Präsentation. |
| ☐ | ☐ | Ich kenne die Erwartungshaltung meiner Zuhörer. |

## ÜBUNGEN

### VERANSTALTUNG BESCHREIBEN

Beschreibe die letzte größere Veranstaltung, an der du teilgenommen hast. Wie sahen die Rahmenbedingungen aus? Was war der Zweck der Veranstaltung? Welche Erwartungen hattest du an den Redner?

_____

_____

_____

### DEINE ROLLEN UND BEZIEHUNGEN

Im Leben spielt man verschiedene Rollen. Im Familienleben können das die Rollen Vater, Kind, Tante oder Nichte sein. Im Berufsleben gibt es mindestens genauso viele Rollen: Mitarbeiter, Chefin, Kunde oder Lieferant. Das Gleiche gilt für die Freizeit: Sportler, Obmann oder Trainerin.

Beschreibe einige Rollen, die du im Leben spielst. Beschreibe die Situationen, in denen du dich wiederfindest. Beschreibe die Erwartungshaltungen deiner Mitmenschen an dich in den jeweiligen Rollen.

_____

_____

_____

_____

 *Wer ist dein Publikum?*

Im täglichen Umgang mit Familie, Freunden und Bekannten oder im Vertriebsgespräch findest du mehr über dein Gegenüber heraus, indem du einfach Fragen stellst. Ganz so einfach ist es in der Vortragssituation nicht. Wenn du schon auf der Bühne stehst, gibt es keine Möglichkeit mehr, etwas über deine Zuhörer zu erfahren. Das muss also vorher geschehen. Du könntest beispielsweise den Veranstalter dazu befragen. Er wird es sicherlich sehr schätzen, wenn du individuell auf seine Bedürfnisse eingehst.

Lerne die Herausforderungen deiner Zuhörer im täglichen Leben kennen. Versuche, dich in ihre Lage zu versetzen, damit du während deines Vortrags darauf eingehen kannst. Lerne auch die Standpunkte deines Publikums kennen, denn nur mit diesem Wissen kannst du deine Argumente zielgruppengerecht einsetzen.

Den Handwerker einer kleinen Firma beschäftigen andere Themen als die Geschäftsführerin eines Konzerns. Die Verkäuferin befasst sich mit anderen Dingen als der Buchhalter. Diese Personen können sich teilweise nicht in die Lage eines anderen hineinversetzen und müssen daher auch in jedem Vortrag unterschiedlich angesprochen werden. Berücksichtige dabei ihre Sicht auf ihre Tätigkeit und die Welt. Natürlich kann man das nicht pauschal zusammenfassen – aber versetze dich zumindest einmal in die Lebenssituation deiner Zuhörer. Versuche auch bei heterogenen Gruppen einen gemeinsamen Nenner zu finden. Manchmal triffst du auf Menschen aus verschiedenen Branchen, die jedoch ein gemeinsames Interesse verbindet. Dort musst du ansetzen.

Das Wissen über das jeweilige Vortragsthema ist bei manchen Zuhörern tiefer als bei anderen und auch die Kenntnis von Fachbegriffen kann ganz unterschiedlich sein. So ist für jemanden, der sich nicht unmittelbar mit Betriebswirtschaft beschäftigt, zum Beispiel der Begriff »Opportunitätskosten« eher ein Fremdwort. Und je nach Bildungsgrad und Alter gelangen Menschen auf verschiedenen Wegen an Informationen.

Je nachdem, welcher Generation sie angehören, interessieren sich Menschen für grundverschiedene Themen – zum Beispiel für die Rentenversicherung (50 plus) oder das nächste berufliche Ziel (30 plus). Sie haben andere Geschichten zu erzählen und besitzen ein anderes Verständnis für die Nutzung von Technik. Menschen der Generation Y werden durch andere Argumente überzeugt als die der Babyboomer-Generation.

Folgende Beispielfragen helfen dir, ein Gefühl für dein Publikum zu bekommen:

- Wie hoch ist der Anteil der Eltern im Publikum?
- Wie viele der Zuhörer leben in der Stadt und wie viele auf dem Land?
- Wie sind die Zuhörer gekleidet?

Die Fragen können, je nach Thema der Präsentation, variieren. Welche Fragen fallen dir sonst noch in Bezug auf dein Publikum ein, die du noch berücksichtigen könntest? Erarbeite die Gemeinsamkeiten zwischen dir und deinen Zuhörern, sodass sie sich noch direkter angesprochen fühlen.

Wenn du dein Publikum kennst, ist es wesentlich einfacher, Sympathien für dich zu wecken. Schon der große römische Redner Cicero machte den Gewinn der Sympathie des Publikums als einen der bedeutendsten Faktoren der gesamten Redekunst aus![23]

Beantworte die folgenden drei Fragen über dein Publikum:

- Welchen beruflichen Hintergrund hat dein Publikum?
- Welchen Bildungsstand hat dein Publikum?
- Wie (unterschiedlich) alt sind die Zuhörer?

Erstelle die folgenden Elemente »Argumente & Informationen«, »Emotionen & Geschichten«, »Glaubwürdigkeit & Authentizität« immer im Hinblick auf dieses spezielle Publikum. Wähle deine Worte und die Begrifflichkeiten entsprechend aus und überlege dir, wie die Reaktionen deines Publikums aussehen könnten.

## ✔ CHECKLISTE

| Ja | Nein | |
|----|------|---|
| ☐ | ☐ | Ich kenne die Herausforderungen, mit denen es meine Zuhörer zu tun haben. |
| ☐ | ☐ | Ich kenne das Vorwissen meiner Zuhörer. |
| ☐ | ☐ | Ich kann mich mit meinem Publikum identifizieren und verstehe es. |
| ☐ | ☐ | Ich bin mir über mögliche Vorurteile meiner Zuhörer im Klaren. |

### DEINE LETZTE KONFLIKTSITUATION

Denke an den letzten Streit oder an die letzte Meinungsverschiedenheit, die du mit jemandem hattest. Beschreibe die Sichtweise deines Gegenübers.

_____

_____

### DEINE UMGEBUNG

Denke an deine Umgebung und an die Menschen, die wesentlich älter oder jünger sind als du. Wie sieht deren Alltag aus? Was bewegt sie? Worüber denken sie nach? Mit welchen Gegenständen beschäftigen sie sich? Sind es iPhone-Apps, von denen du noch nie gehört hast, oder ist – überspitzt gesagt – das Wort Computer für sie ein Fremdwort?

_____

_____

### VERSCHIEDENE STANDPUNKTE

Es gibt Menschen, die eine Putzhilfe oder ein Unternehmen mit der Reinigung der eigenen vier Wände beauftragt haben. Andere lehnen das kategorisch ab. Ich nehme an, dass du in dieser Sache eine Meinung hast. Versuche nun, dich in eine Person hineinzuversetzen, die den anderen Standpunkt vertritt. Schreibe auf, wie sie argumentieren könnte.

_____

_____

_____

## EIN NEUES VERKEHRSMITTEL

Menschen schwören auf das Verkehrsmittel, das sie selbst gerne nutzen. Menschen in ländlichen Regionen lieben ihr Auto. Stadtmenschen bevorzugen Fahrrad oder U-Bahn. Probiere es doch einmal mit einem anderen Verkehrsmittel, das du sonst nie nutzt (vorausgesetzt, die entsprechende Infrastruktur ist vorhanden). Prompt wirst du eine neue Perspektive einnehmen.

---

---

---

 *Welche Werte vertritt dein Publikum?*

*»Erst verstehen, dann verstanden werden.«*

STEPHEN COVEY

Um die Sympathie des Publikums zu gewinnen, muss man sich ganz klar auch die Frage nach den Werten stellen: Welche Werte vertritt dein Publikum? Mindestens genauso wichtig ist es, sich der eigenen Werte bewusst zu werden. Erst wenn du die Unterschiede zwischen den Werten des Publikums und deinen eigenen erkennst, kannst du sie bei deinem Auftritt berücksichtigen.

Die Entscheidung einer Person darüber, ob sie etwas für richtig oder falsch hält, basiert auf ihren Erfahrungen, Erlebnissen und Werten. Werte sind wesentliche Bestandteile unserer Kultur und unserer Sozialisation. Sie dienen den Menschen als Richtlinie und Orientierungshilfe. Was für den einen richtig ist, kann von dem anderen als völlig falsch eingestuft werden.

Denke daran: Was für dich von Bedeutung ist, kann für dein Publikum völlig unbedeutend sein oder eine ganz andere Bedeutung haben. Menschen reden schnell aneinander vorbei, wenn sie keine Einschätzung ihres Gegenübers haben. So ist es auch mit deinem Publikum und dir. Finde heraus, welche Werte dein Publikum ausmachen, damit du deine Präsentation dementsprechend konzipieren kannst (und nicht vorrangig von deinen eigenen Werten ausgehst). Die Botschaft: »Wir brauchen alternative Energiequellen« ist definitiv beim Vorstand des Mineralölkonzerns Shell anders zu transportieren als beim Vorstand der Umweltschutzorganisation Greenpeace.

Finde nun in einem ersten Schritt mit dem folgenden Test heraus, wie deine eigenen Werte aussehen.

### Trendtest: Ordne deine Werte ein

Lies dir die folgenden sieben Beschreibungen durch und entscheide, welche auf dich am ehesten zutreffen. Vergib für jeden Text eine Ziffer von 1 bis 7. »1« bedeutet »trifft am meisten zu«, »7« bedeutet »trifft am wenigsten zu«. Wichtig: Du kannst jede Ziffer nur einmal vergeben. Die Einteilung dieser Kategorien (Entwicklungsstufen) basiert auf dem Modell von Professor Clare W. Graves und wurde aus dem Konzept des 9 Levels Institute for Value Systems unter der Leitung von Rainer Krumm abgeleitet.[24]

Im Anhang findest du eine ausführlichere Beschreibung der sieben Punkte. Lies sie jedoch erst dann, wenn du den Test ausgefüllt hast.

#### DER STAMMESMENSCH

Ich möchte meine Verwandtschaft regelmäßig sehen und mit ihr Zeit verbringen. Ich lege großen Wert darauf, dass meine engsten Freunde meinen Geburtstag nicht vergessen. Ich bin sehr heimatverbunden und lebe Traditionen und Brauchtümer weiter. Familie gibt mir Sicherheit.

#### DER EINZELKÄMPFER

Ich bin ein Macher. Ansehen in der Gesellschaft und Respekt von anderen sind mir wichtig. Ich freue mich auf den nächsten

Bonus, von dem ich mir ein neues Auto kaufen kann. Ich lege Wert auf Markenkleidung.

### DER LOYALE

Ich lege Wert auf geordnete Abläufe. Regeln und Gesetze sind dazu da, um eingehalten zu werden. Loyalität und Disziplin sind mir genauso wichtig wie Qualität und Zuverlässigkeit.

### DER ERFOLGSSUCHER

Ich lege Wert auf Wohlstand und habe klar definierte Ziele. Wirtschaftliches Denken ist genauso wichtig wie Wettbewerb. Konkurrenz belebt das Geschäft. Leistung sollte belohnt werden. Von manchen Regeln sollte man sich nicht aufhalten lassen.

### DER TEAMMENSCH

Ich arbeite gerne im Team. Verständnis für meine Mitmenschen und Empathie zeichnen mich aus. Ich freue mich, im Dialog mit Menschen zu sein, und lege Wert auf ihre Meinung. Kompromisse und gemeinsamer Erfolg sind mir wichtig.

### DER MÖGLICHKEITENSUCHER

Ich bin ein weltoffener Mensch. Lebenslanges Lernen hat für mich einen hohen Stellenwert. Ich kann mich in die Lage meiner Mitmenschen versetzen und verstehe ihre Sichtweise. Meine Eigenverantwortung und Individualität sind mir wichtig.

### DER GLOBALIST

Ich nehme Rücksicht auf unsere Umwelt. Menschen sollten sich generell mehr Gedanken über die Konsequenzen ihrer Handlungen machen. Wenn ich etwas durchführe, möchte ich den Gesamtzusammenhang kennenlernen. Ich bin eher spirituell als religiös.

Sehen wir uns das Ganze in der Praxis an: Ich war auf dem Weg von München nach Zürich. Mein Ticket hatte ich am Morgen online bestellt. Als ich es im Hotel ausdrucken wollte, funktionierte der Drucker nicht und ich kam auf die Idee, das Ticket auf mein iPad zu laden. Als die Kontrolleurin durch den Zug ging, nahm ich mein iPad heraus und zeigte ihr mein Ticket: München – Zürich, inklusive Sitz-platzreservierung, 68 Franken.

Reaktion der Kontrolleurin: Sie fragte mich: »Was ist das?« »Mein Ticket«, antwortete ich. Sie wies mich auf die Beförderungsbestim-mungen hin, in denen stand: Das Ticket muss ausgedruckt vorliegen. Die Diskussion ging etwa 30 Minuten in dieser Form weiter. Ich fragte sie: »Glauben Sie nicht, dass das Ticket bezahlt und von meiner Kre-ditkarte abgebucht wurde?« Damit stieß ich auf taube Ohren. Ihre Antwort: »Das sind die Regeln, entweder Sie lösen ein neues Ticket oder Sie verlassen den Zug.«

Wenn wir nun einen Schritt zurücktreten und an die Kategorien aus dem Selbsttest denken, ist es relativ leicht, das Verhalten der Kon-trolleurin einzuordnen.

- Kontrolleure mit einer hohen Ausprägung in der Kategorie »Teammensch« würden mir vermutlich antworten: »Ich verstehe, dass der Drucker im Hotel nicht funktioniert hat. Versuchen Sie aber das nächste Mal, das Ticket zu Hause zu drucken, oder lösen Sie es am Schalter. Ich mache in diesem Fall eine Ausnahme und wünsche Ihnen eine gute Fahrt.«
- »Einzelkämpfer«, die denken: »Regeln sind da, um gebrochen zu werden«, wären an dieser Stelle als Kontrolleur wahrscheinlich gänzlich ungeeignet.
- Oder sie reagieren wie die »nette« Kontrolleurin in meinem Zug. Ich nenne sie »die Loyale«, die alle Regeln anwendet, die jemals in Stein geritzt wurden.

Ich wusste aber, dass Kontrolleure über einen gewissen Kulanzspiel-raum verfügen; daher versuchte ich, »meine« Kontrolleurin auf jeder Wertestufe zu erreichen. Ich hatte die Hoffnung nicht aufgegeben, dass sie zur Einsicht kommt.

- Zunächst versuchte ich, als »Möglichkeitensucher« zu antworten: »Das Ticket hat einen Strichcode, können Sie diesen nicht scan-nen und somit entwerten?«
Die Kontrolleurin antwortete: »Darf ich nicht.«

- Danach versuchte ich es als »Teammensch«: »Können wir nicht einen Kompromiss finden? Wie wäre es, wenn ich nur das Ticket für die Strecke in Deutschland neu lösen würde?«
  Die Kontrolleurin antwortete: »Und dann? Steigen Sie an der Grenze aus?«
- Auch als »Erfolgssucher« versuchte ich das Problem zu lösen: »Können Sie nicht eine Ausnahme machen? Das Ticket habe ich ja gelöst. Für Ihr Unternehmen macht es gar keinen Unterschied, ob Sie die Fahrkarte mit der Zange entwerten oder ob Sie es einfach zur Kenntnis nehmen, dass ich ein Ticket gekauft habe. Der einzige Unterschied ist der Stempel.«
  Die Kontrolleurin antwortete: »Meine Aufgabe ist es, Ihr Ticket zu entwerten.«

Letzten Endes musste ich noch einmal zahlen und zur Einsicht kommen: Drucke das Ticket vorher aus oder bestelle es per App. Falls du wieder einmal an einen Kontrolleur Marke »loyal« gerätst, für den Kulanz ein Fremdwort ist, wirst du keine Probleme mehr haben.

Menschen mit unterschiedlichen Werteausprägungen kommunizieren unterschiedlich miteinander. Liegen die Wertvorstellungen weit auseinander, kommuniziert man im Extremfall komplett aneinander vorbei. Daher ist es wichtig, die eigenen Werte und die des Publikums zu kennen, um so auf der gleichen Stufe zu kommunizieren.

Wenn du nun mithilfe des Trendtests wahllos Menschen auf einer Einkaufsstraße befragst und deren Ergebnisse vergleichst, wirst du merken, dass diese ziemlich unterschiedlich ausfallen. Alle aufgelisteten Werteentwicklungsstufen spiegeln unsere Gesellschaft wider. Es wird daher schwierig sein, die konkreten Werte deines Publikums herauszufinden, wenn die Auswahl der Zuhörer eher zufällig erfolgt ist. Schließlich kannst du nicht jedem einen Trendtest in die Hand drücken. Es gibt jedoch eine Möglichkeit, die grob kumulierten Werte deiner Gruppe herauszufinden, indem du die Situation, die du im Schritt »Die Situation bestimmen / bewerten« ermittelt hast, berücksichtigst.

Ein Beispiel aus der Praxis: Ich hielt bei der Toastmasters Rhetorik-Europakonferenz in Krakau den Vortrag »Worte treffen Werte«. Toastmasters ist eine weltweit aktive Weiterbildungsorganisation, in der Menschen freiwillig an ihren Führungs- und Präsentationsfähigkeiten arbeiten. Lebenslanges Lernen ist ganz klar ein Wert der »Möglichkeitensucher«. Die Mitglieder der Organisation geben einander an einzelnen Klubabenden Feedback, um sich ständig zu verbessern. In Teams miteinander zu arbeiten und sich gegenseitig zu unterstützen ist wiederum ganz klar ein Wert der »Teammenschen«. Da ich bereits vorab bei der Workshop-Konzeption die Organisation und die teilnehmenden Menschen beschrieben hatte, konnte ich natürlich Rückschlüsse auf deren Werte ziehen.

Natürlich wollte ich diese bestätigt wissen und nahm die Gelegenheit wahr, den Workshop-Teilnehmern ein Assessment zur Verfügung zu stellen, mit dem man die Werteentwicklungsstufen herausfinden kann. Tatsächlich lag ich mit meiner Einschätzung richtig. Bei den Teilnehmern meines Workshops war die Ausprägung des »Möglichkeitensuchers« mit 75 Prozent am stärksten vertreten, gefolgt von den »Teammenschen« mit 73 Prozent. Am schwächsten ausgeprägt war der Wert der »Einzelkämpfer« (32 Prozent); folglich wäre zum Beispiel das Erwähnen von Statussymbolen in meinem Vortrag nicht gut angekommen.

### *Trendtest mit Fokus auf dein Publikum*

Fülle den Trendtest nun Bezug nehmend auf das Publikum aus, vor dem du auftrittst.

#### DIE STAMMESMENSCHEN

☐ Meinen Zuhörern ist es wichtig, ihre Familie regelmäßig zu sehen und mit ihr Zeit zu verbringen. Sie sind heimatverbunden und leben Traditionen und Brauchtümer weiter. Familie gibt ihnen Sicherheit.

#### DIE EINZELKÄMPFER

☐ Meine Zuhörer ziehen ihr Ding durch, egal, ob ihnen andere Steine in den Weg legen. Sie sind Macher. Sie legen Wert auf Geld und definieren sich über Status und Einfluss. Respekt von anderen Menschen ist ihnen wichtig.

### DIE LOYALEN

Meine Zuhörer suchen nach klaren Abläufen und Regeln. Qualität und Pflichtbewusstsein werden bei ihnen großgeschrieben. Sie sind loyal und respektieren Menschen mit Berufstiteln oder akademischem Titeln besonders.

### DIE ERFOLGSSUCHER

Meine Zuhörer denken unternehmerisch. Sie werden durch klar definierte Ziele und Boni motiviert. Der Bonus wird fällig, sobald das Ziel erreicht wurde. Erfolgssucher nehmen gerne Herausforderungen an und wissen, wie man Regeln einzusetzen hat.

### DIE TEAMMENSCHEN

Meine Zuhörer arbeiten gerne in Gruppen. Sie können sich in andere hineinversetzen und legen Wert auf den Dialog mit anderen Menschen und auf ihre Meinung. Kompromisse und gemeinsamer Erfolg sind ihnen wichtig.

### DIE MÖGLICHKEITENSUCHER

Meine Zuhörer sind weltoffen. Lebenslanges Lernen ist ihnen wichtig. Sie können sich in die Sichtweise anderer Menschen hineinversetzen und verstehen sie. Eigenverantwortung und Individualität bedeuten ihnen viel.

### DIE GLOBALISTEN

Meine Zuhörer machen sich Gedanken über die Konsequenzen ihrer Handlungen. Ihnen ist es wichtig, dass Rücksicht auf die Umwelt genommen wird. Sie möchten den Gesamtzusammenhang in ihrem Tun erkennen. Globalisten sind eher spirituell als religiös veranlagt.

Um den Trendtest ausfüllen zu können, kannst du dir auch die Veranstaltung selbst näher ansehen. Was ist der Zweck der Veranstaltung? Geht es eher darum, Traditionen zu feiern, oder besteht das Ziel darin, dem Einzelnen zu mehr Wohlstand zu verhelfen? Welche Wertebotschaft sendet der Veranstalter?

Lege deine persönliche Testauswertung neben die deines Publikums. Du siehst nun, wie deine Werte und die des Publikums ausgerichtet sind. Findest du Übereinstimmungen bei der Stärke der Ausprägung, hast du eine gute Basis für deinen Auftritt. Überlege dir, wie du diese gemeinsamen Werte adressieren könntest.

Sollte es hingegen große Diskrepanzen bei den beiden Auswertungen geben, musst du dir bewusst machen, dass dein Publikum deine Sichtweise möglicherweise nicht verstehen kann. Versuche dich in dein Publikum hineinzuversetzen. Stelle die Frage nach dem »Warum«: Warum legen die Menschen beispielsweise Wert auf klare Regeln oder Status? Du wirst die Werte deines Publikums wesentlich besser verstehen, wenn du die Antwort darauf gefunden hast.

Im Graves-Kontext wird von »Passung« gesprochen. Im Grunde genommen gibt es kein Richtig oder Falsch; die Kommunikationspartner müssen nur zueinander »passen«. Die Kenntnis der verschiedenen Wertestufen hilft jedoch dabei, Menschen, die auf anderen Wertestufen stärker ausgeprägt sind, zu verstehen.

»Möglichkeitensucher« und »Globalisten« sind empathisch. Bist du in diesen Wertestufen besonders ausgeprägt, wirst du auch gut in der Lage sein, dich in andere Menschen hineinzuversetzen.

| Ja | Nein | |
|----|------|---|
| ☐ | ☐ | Ich kann die Werte meiner Zuhörer einschätzen. |
| ☐ | ☐ | Ich weiß, warum ich so bin, wie ich bin (bezogen auf die Werte). |
| ☐ | ☐ | Ich weiß, warum mein Publikum so ist, wie es ist (bezogen auf die Werte). |
| ☐ | ☐ | Ich habe mir überlegt, wie ich die Wertestufen meines Publikums adressieren kann. |
| ☐ | ☐ | Ich kenne die Stolpersteine, die durch den Unterschied der Wertestufen zwischen mir und meinem Publikum vorprogrammiert sind, und weiß, wie ich diesen aus dem Weg gehen kann. |

## ÜBUNGEN

### TRENDTEST

Fülle den Trendtest für drei gänzlich unterschiedliche Charaktere aus deiner Umgebung aus und überlege dir, wo die größere Übereinstimmung zwischen dir und den anderen Personen vorhanden ist (und wo nicht). Worauf musst du in der Kommunikation jeweils achten?

*Welchen Nutzen hat dein Publikum?*

Jeder Mensch in deinem Publikum hat eine gewisse Erwartungshaltung an dich als Referenten. Er oder sie möchte lernen, bewegt oder unterhalten werden. Wie kann das gelingen? Du hast inzwischen dein Publikum kennengelernt und ein Gefühl dafür bekommen, welche Werte ihm wichtig sind. Du kannst einschätzen, wer diese Menschen da unten sind und welche Themen sie beschäftigen. Nun geht es darum, den Nutzen – den Präsentationszweck – für dein Publikum zu erarbeiten.

Der Präsentationszweck ist der Grund, weshalb dir das Publikum zuhört und weshalb du auf der Bühne stehst. Stelle dir die Frage, welche Informationen für deine Zuhörer wertvoll sind. Finde heraus, woraus sie einen Nutzen ziehen können. Erst wenn du das ermittelt hast, kannst du den Zuhörern genau das übermitteln, was sie erwarten. Wenn deine Zuhörer nicht das Gefühl haben, dass deine Präsentation für sie wichtig sein könnte, werden sie keinen Drang verspüren, dir zuzuhören. Sie werden versuchen, die Zeit sinnvoller zu nutzen. Der eine wird das Gespräch mit dem Sitznachbarn suchen, der andere wird sich mit seinem Handy beschäftigen und ein Dritter vielleicht sogar den Raum verlassen. So weit darf es nicht kommen!

Tipp: Verwende als Unterstützung die Speech-Pad-Nutzwertanalyse; sie stellt Nutzen und Wert gegenüber und analysiert den Mehrwert für dein Publikum. Ein Muster der Nutzwertanalyse inklusive Erläuterung findest du im Anhang des Buches.

## KONKRET

 Kommuniziere den Nutzen für das Publikum deutlich und berücksichtige ihn bei der Erstellung jedes nachfolgenden Elements im Speech Pad.

| Ja | Nein | |
|----|------|---|
| ☐ | ☐ | Objektiv betrachtet: Bietet mein Inhalt einen Nutzen für das Publikum? |
| ☐ | ☐ | Werden meine Zuhörer unterhalten? |
| ☐ | ☐ | Erlernen meine Zuhörer neue Methoden, die sie praktisch anwenden können? |
| ☐ | ☐ | Wird mein Publikum durch neue Sichtweisen zum Umdenken veranlasst? |

## ÜBUNGEN

### ▷ NUTZEN FINDEN

Überlege dir genau: Welche Termine in deinem Terminkalender bringen dir echten Nutzen und welche nicht? Schreib sie auf.

*Beispiel:* Nutzen: Massagetermin bei Verspannung
Kein Nutzen: Wohnungsbesichtigung, wenn du dich eigentlich schon gegen diese oder für eine andere Wohnung entschieden hast

**Nutzen:**

_____

**Kein Nutzen:**

_____

## Argumente & Informationen vorbereiten

Wir diskutieren und argumentieren tagtäglich in den verschiedensten Situationen, egal ob wir mit unserem Partner einen bestimmten Film sehen möchten oder ob wir wegen einer Gehaltserhöhung verhandeln. Damit unsere Behauptungen – zum Beispiel »Ich verdiene ein höheres Gehalt« – in der Diskussion Anklang finden, müssen wir gute Argumente vorbringen.

Auf der Bühne wird eher weniger diskutiert. Damit unser Standpunkt das Publikum überzeugt, müssen wir diesen von Beginn an durch gute Argumente untermauern. In diesem Schritt schauen wir uns die Fähigkeit, gut und überzeugend zu argumentieren, etwas genauer an.

Argumente sind neben Glaubwürdigkeit, Geschichten, Emotionen und Struktur ein wichtiger Bestandteil guter Präsentationen. Argumente und Informationen – also auch Zahlen, Daten und Fakten (ZDF) – wirken jedoch oft nüchtern und trocken wie ein alter Laib Brot. Es geht im Folgenden zum einen darum, wie man gut argumentiert, und zum anderen, wie ZDF besser beim Publikum ankommen und leichter in Erinnerung bleiben.

 *Besser gezielt argumentieren als wild schießen!*

*»Wer hohe Türme bauen will, muss lange beim Fundament verweilen.«*

ANTON BRUCKNER

Viele sammeln ihre Argumente am liebsten in PowerPoint und gliedern sie in Bullet Points. Aber sind Bullet Points überhaupt vollständige Argumente? Ich möchte dies anhand eines erfundenen Beispiels illustrieren. Eine typische Folie könnte in etwa wie folgt aussehen:

Klassischer Aufbau einer Folie

Es könnte sich hier um eine Präsentation handeln, in der mir der Vortragende mehr Erfolg verspricht. Es sind zwei Varianten vorstellbar, wie der Präsentator den Inhalt kommunizieren könnte:

- Variante 1: »Sehen wir uns nun im Detail an, wie Sie zu mehr Erfolg kommen. Erhöhen Sie den Preis, denn dann wirken Sie professioneller. Kleiden Sie sich adrett und achten Sie auf Ihr Äußeres. Und zuletzt arbeiten Sie für Ihren Erfolg.«
- Variante 2: »Sehen wir uns nun im Detail an, wie Sie zu mehr Erfolg kommen. Erhöhen Sie zunächst den Preis, denn wenn Sie sich billig verkaufen, bekommen Sie nur die Schnäppchenjäger, und wer will denn schon Schnäppchenjäger? Ihre Leistung muss doch etwas wert sein! Kleiden Sie sich besser. Tragen Sie eine teure Uhr, damit Ihr Kunde sieht, wie erfolgreich Sie sind. Arbeiten Sie härter, denn so können Sie mehr umsetzen.«

Welche Variante überzeugt dich eher? Keine? Na hoffentlich! Oftmals höre ich Menschen sagen: »Wir konzentrieren uns auf die Fakten: Bam, Bam, Bam.« Also Bullet Point nach Bullet Point nach Bullet Point. Jetzt weiß ich auch, warum es »Tod durch PowerPoint« heißt: Weil der Bullet Point förmlich versucht, dich zu erschießen, damit du am besten gar nichts mehr einwendest.

Sehen wir uns nun Variante 1 genauer an:

Aussage: »Sie haben mehr Erfolg, wenn Sie den Preis erhöhen, denn dann wirken Sie professioneller.« Was geht dir bei der Aussage durch den Kopf?

- »Na hör mal, ich muss mein Auftragsbuch überhaupt erst voll-kriegen, die Leute kaufen ja nicht mal jetzt.«
- »Schön, und dann?«
- »Aha, so einfach? Da hätte ich mir die anderen Workshops ja sparen können.«
- »Wirke ich denn nicht professionell genug?«
- »Schon mal was von Angebot, Nachfrage und dem Marktgleich-gewicht gehört?«

Stell dir nun vor, du sprichst vor 100 Personen, dann wird die Liste der Einwände noch viel länger sein. Warum ist das so? Bullet Points enthalten in der Regel keine vollwertigen Argumente. Es fehlt meistens eine stichhaltige Begründung. Sehen wir uns das konkreter an. Aussage: »Sie haben mehr Erfolg, wenn Sie den Preis erhöhen, denn dann wirken Sie professioneller.« Begründungen könnten sein:

1. »Erfolg kann jeder für sich selbst definieren.«
2. »Wir treffen uns hier auf einer Sales-Veranstaltung, daher gehe ich davon aus, dass Sie Ihren Vertrieb ankurbeln möchten.«
3. »Mehr Erfolg bedeutet mehr Umsatz.«
4. »Menschen, die sich teuer verkaufen können, gelten als erfolg-reich.«
5. »Wenn Sie Spitzenleistung bieten, können Sie entsprechend etwas dafür verlangen.«
6. »Höherer Preis bei gleicher Nachfrage bedeutet mehr Umsatz.«

Das Argument mag zwar immer noch nicht ganz überzeugen, aber manche Einwände können so entkräftet werden. Je wahrer und plausibler die Begründungen für deine Zuhörer sind, desto weniger Einwände gibt es und desto mehr wirst du überzeugen.

Tipp: Kopiere niemals die Folien von jemand anderem, da du weder seine Begründungen für die Bullet Points (Behauptungen) noch seine Gedankengänge kennst. Ohne dieses Wissen wird es dir kaum gelingen, den Einwänden der Zuhörer standzuhalten. Bei Grafiken, die man nicht selbst entworfen oder nicht hundertprozentig verstanden hat, ist die Gefahr noch größer, denn dann wird dein Publikum die Grafik auch nicht verstehen und du gerätst in Erklärungsnot.

Sehen wir uns Variante 2 genauer an:

Hier gibt es zwar mehr Text zu den Bullet Points, sie überzeugt aber deswegen nicht mehr. Aussage 1: »Sehen wir uns nun im Detail an, wie Sie zu mehr Erfolg kommen. Erhöhen Sie zunächst den Preis, denn wenn Sie sich billig verkaufen, bekommen Sie nur die Schnäppchenjäger, wer will denn schon Schnäppchenjäger? Ihre Leistung muss doch etwas wert sein!« Einwände könnten hier diese sein:

- »Na hör mal, ich bin doch auch ein Schnäppchenjäger, mach mich doch nicht so runter.«
- »Mein Produkt skaliert, ich verkaufe über die Masse und bin schon erfolgreich.«

Hier besteht die Gefahr, dass eine Zielgruppe angegriffen wird, die vielleicht im Publikum sitzt. Das sollte man natürlich unbedingt vermeiden. Das Prinzip der Begründungen ist hoffentlich nun nachvollziehbar; daher hebe ich mir die Einwandbehandlung für Variante 2 für den Übungsteil auf.

Die Gefahr, mit Einwänden konfrontiert zu werden, besteht bei jeder Präsentation – oft in Gestalt eines Zuhörers, der kritische Fragen stellt oder sich einfach unaufgefordert äußert. Bei Präsentationen im kleineren Rahmen kommt das eher vor als bei großen Veranstaltungen. Dort musst du erst recht mit deinen Argumenten überzeugen, da du meistens nicht die Chance hast, in einer Diskussion erneut Stellung zu nehmen und weitere Begründungen oder Beweise nachzuliefern.

Tipp: Lass dich während deines Vortrags (Präsentation) von niemandem unterbrechen! Nimm dir nach dem Vortrag die Zeit, um für Fragen deiner Zuhörer zur Verfügung zu stehen.

Mein Freund Jakob Reiter hat für die Argumentation ein gutes Bild gefunden. Er vergleicht es mit dem Sprung über einen Graben (links in der  Abbildung auf der nächsten Seite). Verlässt man sich nur auf die Behauptung, ist das wie ein Sprung mit viel Anlauf, bei dem man hofft, am Ende auf der anderen Seite anzukommen. In der Regel funktioniert dies jedoch nicht. Baut man aber eine verlässliche Brücke (rechts) mit guten Tragseilen (Begründungen) über diesen Graben, hält das Argument auch den Einwänden stand.

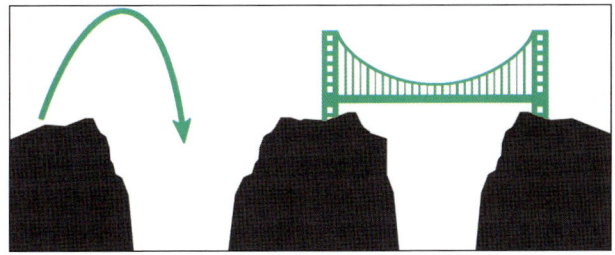

Sprung oder Brücke?

Berücksichtige auch immer die Werte deiner Zuhörer, vor allem in den Begründungen. Insbesondere bei weichen Themen kann dies durchaus nützlich sein. Darunter fallen Behauptungen, die eher auf dem Geschmack, den Motivationen und den Werten des Gegenübers beruhen als auf puren Fakten.

»Von Regeln sollte man sich nicht aufhalten lassen«, ist eine weiche Behauptung, die sicher nicht alle Menschen überzeugt. Es handelt sich um einen Glaubenssatz, dessen Akzeptanz davon abhängt, mit wem du darüber sprichst. Der Bereich unterhalb der Normalverteilungskurve entspricht deinem Gesamtpublikum: 100 Prozent. Die Menge zwischen den beiden gestrichelten Linien entspricht den Menschen im Publikum, die dir ohne weitere Begründung zustimmen werden. Ziel ist es, mithilfe guter Argumentation die Linien so weit wie möglich nach außen zu bringen und den Bereich links und rechts von der Linie so klein wie möglich zu halten.

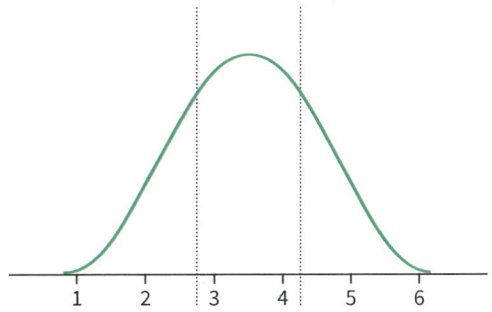

Normalverteilungskurve (Publikum)

Um das zu erreichen, nimm dir die Speech-Pad-Nutzwertanalyse aus dem Anhang zur Hilfe. In diesem Fall wird jedoch nicht, wie dort beschrieben, der Nutzen in Relation zu den Werten, sondern die Begründung analysiert.

Stell dir drei verschieden Auditorien vor: Das erste besteht aus Wirtschaftsprüfern, das zweite aus den lokalen Gemeinderäten und das dritte aus karrierehungrigen Verkäufern. Nutze die nächste Übung, um ein Gefühl für die Aussagen in Bezug auf die jeweiligen Werte zu bekommen. Behauptung: Von Regeln sollte man sich nicht aufhalten lassen. Mögliche Begründungen:

- Denn Regeln sind keine Gesetze.
- Regeln dienen (nur) als Orientierungshilfe.

Sehen wir uns mögliche Einwände konkret an. Du bist herzlich eingeladen, an dieser Stelle die Analyse vollständig auszufüllen.

| Argument | Wertelevel | Wert / Eigenschaft | Analyse / Einwände |
|---|---|---|---|
| Von Regeln sollte man sich nicht aufhalten lassen, denn Regeln sind keine Gesetze. | Stammesmenschen | Gehorsam | |
| | | Tradition | |
| | | Schutz | |
| | Einzelkämpfer | Macht | |
| | | Mut | |
| | | Selbstvertrauen | |
| | Loyale | Recht und Gesetz | Wir erstellen die Regeln basierend auf den Gesetzen. |
| | | Kontrolle | |
| | | Sicherheit | Ohne Regeln ist die Sicherheit gefährdet. |

Diese Analyse hilft uns dabei, die möglichen Einwände verschiedener Personen (mit unterschiedlichen Wertelevels) zu erkennen. Außerdem wird deutlich, wie wir die Begründung anpassen oder erweitern müssen, um diese Einwände zu entkräften.

Zugegeben: Dieses Beispiel ist nicht gut geeignet für stundenlange

Diskussionen. Ich denke aber, je offensichtlicher das Beispiel, desto einfacher ist es verständlich. Versuche deine Begründungen durch die jeweiligen Blickwinkel deiner Zuhörer zu sehen, um möglichst breite Akzeptanz zu erzielen.

## DER ARGUMENTATIONSBRILLANT™

Bislang haben wir drei Aspekte guter Argumentation beleuchtet: Beteiligte, Behauptung und Begründungen. Die Zuhörer möchte ich in diesem Zuge gerne als Beteiligte bezeichnen, um dir eine kleine Eselsbrücke mit fünf »Bs« zu ermöglichen. In den meisten Fällen wird ein Vortrag nicht in ausufernde Diskussionen münden, im kleineren Rahmen wie beispielsweise bei einer Teampräsentation kann das durchaus der Fall sein. Außerdem machen sich die Beteiligten eigentlich immer ihre eigenen Gedanken über das, was sie gesagt haben.

Die Grundaussage, von der wir überzeugen möchten, ist die Behauptung. Die Behauptung sollte weitestgehend die Kernbotschaft der Präsentation unterstützen. Die Behauptung darf niemals für sich alleine stehen und muss durch mehrere gute Begründungen untermauert werden – und das so, dass die Begründungen für die Beteiligten wahr sind.

Idealerweise werden diese drei Elemente durch zwei weitere unterstützt: das Beispiel und das Befinden. Da ich Metaphern und Emotionen zusammenfasse, habe ich den Überbegriff »Befinden« gewählt, der im nächsten Schritt genauer beleuchtet wird.

Sehen wir uns zunächst noch einmal das Beispiel an. Es veranschaulicht an einer konkreten Situation, warum meine Behauptung und meine Begründungen richtig sind. Behauptung: »Sie bekommen mehr Erfolg, wenn Sie den Preis erhöhen.« Begründungen:

1. »Erfolg kann jeder für sich definieren.«
2. »Wir sprechen über Vertrieb, daher definiere ich Erfolg heute für Sie als mehr Umsatz.«
3. »Mehr Umsatz bedeutet höhere Einnahmen.«
4. »Mehr Einnahmen bedeutet, mehr Produkte zum gleichen Preis …«
5. ».. oder die gleiche Menge zu einem höheren Preis zu verkaufen.«

6. »Sie können den sogenannten Decoy-Effekt für sich nutzen. Der Decoy-Effekt besagt laut dem US-amerikanischen Professor für Marketing, Joel Huber, dass Menschen zum teureren Produkt greifen und sich somit der Umsatz steigern lässt, sobald man dem Kunden neben zwei (günstigeren) Alternativen eine dritte, teurere, noch bessere Alternative zur Auswahl gibt.«

Dazu ein Beispiel: Stell dir vor, du hast zwei Produkte zur Auswahl – einen Wein aus Chile in mittlerer Qualität für drei Euro und einen Wein besserer Qualität aus Italien für vier Euro. Welchen Wein würdest du wählen? Die Mehrheit wählt den Wein aus Italien. Möchtest du nun deinen Umsatz steigern, könntest du zusätzlich einen Wein aus Bordeaux für fünf Euro anbieten. Welchen Wein würdest du wählen? Gemäß dem Decoy-Effekt werden in diesem Falle Menschen vermehrt zu den Weinen aus Italien und Frankreich greifen.

Dieses Beispiel birgt zwei Probleme: Zum einen habe ich es frei erfunden. Das heißt, wenn jemand das tatsächlich ausprobiert und es nicht geklappt hat, wird er das hier einwenden. Professor Huber, Entdecker des Decoy-Effekts, hat mehrere Testpersonen an seinem Versuch teilnehmen lassen, bei denen dieses Phänomen zu beobachten war. Die Frage ist aber: Wird es bei allen so sein? Und wie viele Testpersonen gab es? Daher gilt für das gute, überzeugende Beispiel: Je besser das Beispiel durch konkrete Fälle belegt ist, desto überzeugender ist es.

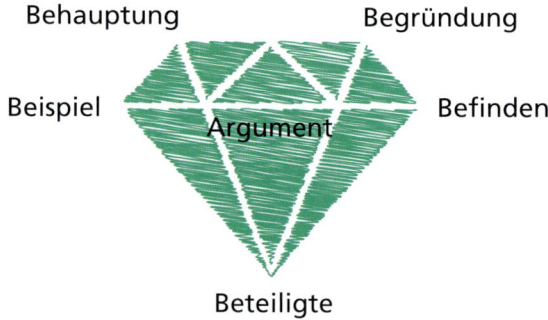

Elemente des Argumentationsbrillanten

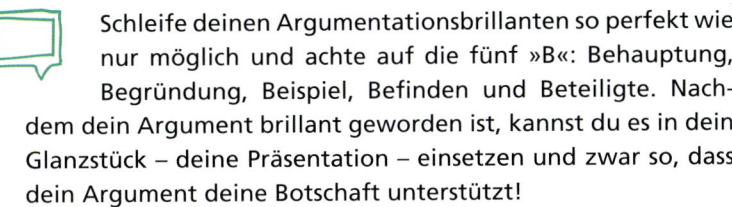

Schleife deinen Argumentationsbrillanten so perfekt wie nur möglich und achte auf die fünf »B«: Behauptung, Begründung, Beispiel, Befinden und Beteiligte. Nachdem dein Argument brillant geworden ist, kannst du es in dein Glanzstück – deine Präsentation – einsetzen und zwar so, dass dein Argument deine Botschaft unterstützt!

## ✔ CHECKLISTE

| Ja | Nein | |
|----|------|---|
| ☐ | ☐ | Meine Argumente unterstützen meine Botschaft. |
| ☐ | ☐ | Meine Argumente beruhen auf plausiblen und wahren Fakten. |
| ☐ | ☐ | Meine Behauptungen werden durch mehrere Begründungen untermauert. |
| ☐ | ☐ | Meine Begründungen sind wahr für die Beteiligten. |
| ☐ | ☐ | Meine Begründungen sind plausibel für die Beteiligten. |
| ☐ | ☐ | Ich habe die Begründungen durch verschiedene Wertebrillen geprüft. |
| ☐ | ☐ | Ich habe meine Argumente durch Beispiele veranschaulicht. |

## THESEN UND BEGRÜNDUNGEN

Diese Aussage steht im Raum: »Sehen wir uns nun im Detail an, wie Sie zu mehr Erfolg kommen. Erhöhen Sie zunächst den Preis, denn wenn Sie sich billig verkaufen, bekommen Sie nur die Schnäppchenjäger und wer will denn schon Schnäppchenjäger? Ihre Leistung muss doch etwas wert sein!«

Welche Einwände fallen dir aus den unterschiedlichsten Blickwinkeln dazu ein?

_____

_____

Wie kannst du die Aussage so bauen, dass es sich um ein solides Argument handelt?

1. _____

2. _____

3. _____

4. _____

5. _____

## Gehaltsübung

Erstelle, basierend auf dem Argumentationsmuster, ein Argument, warum du ab sofort ein höheres Gehalt beziehen möchtest (oder, wenn du selbstständig bist, warum deine Kunden nun mehr bezahlen sollen). Versetze dich in die Lage deines Chefs (oder Kunden) und versuche dessen Sichtweise zu verstehen. Die Botschaft ist klar: »Ich verdiene eine Gehaltserhöhung.«

## Partnerübung

Suche dir für diese Übung einen Spielpartner: Du führst mit ihm einen gemeinsamen Haushalt und möchtest nun ein neues Auto anschaffen. Dein Partner findet aber, dass euer Auto noch sehr gut fährt und nicht ersetzt werden muss. Deine Argumente sollen deinen Partner davon überzeugen, dass ein neues Auto sinnvoll und nötig ist.

## Finde den Fehler

In Europa werden am letzten Sonntag im März die Uhren auf die Sommerzeit vorgestellt. Die USA stellen ihre Uhren bereits am zweiten Sonntag im März auf Sommerzeit um. In diesen zwei Wochen entsteht eine höhere Zeitdifferenz zwischen den USA und Europa als in der restlichen Zeit des Jahres.

Ist die Argumentation:     richtig ☐     falsch ☐

Wenn sie falsch ist, wo liegt der Fehler?[25]

Sehen wir uns nun den letzten Teilbereich einer Argumentation an: die Befindlichkeit, die ich in Metaphern und Emotionen gegliedert habe. Zunächst zur Metapher: Das Argument erhält durch die entsprechende Metapher mehr Gewicht und löst beim Zuhörer gewisse Gefühle aus. Die Metapher ist aus meiner Sicht das stärkste Element der Rhetorik und unterstützt sowohl Argumente als auch Informationen. Auch können komplexe Sachverhalte durch Metaphern einfach erklärt werden.

Doch was ist eine Metapher genau? Woher kommt sie? Metaphern sind ein fester Bestandteil unserer Sprache. Der Duden definiert sie als »… sprachlicher Ausdruck, bei dem ein Wort (eine Wortgruppe) aus seinem eigentlichen Bedeutungszusammenhang in einen anderen übertragen wird, ohne dass ein direkter Vergleich die Beziehung zwischen Bezeichnendem und Bezeichnetem verdeutlicht; bildliche Übertragung«. Wir verwenden Metaphern täglich und oft unbewusst und erkennen sie gar nicht mehr als solche. Wer »auf den Putz haut«, »nach den Sternen greift« oder »bis über beide Ohren« verliebt ist, wer hin und wieder ein »fauler Sack« ist, aber den »Blick fürs Wesentliche« behält, der verwendet Metaphern.

Ein Klassiker ist das Wort »Tischbein«. Beine sind menschliche Gliedmaßen, mit denen wir uns fortbewegen können. Natürlich können wir, wenn wir uns nicht fortbewegen, auf unseren Beinen stehen, und genau diese Eigenschaft wird auf das Tischbein übertragen. Durch die Metapher können kompliziertere Sachverhalte einfach und bildlich veranschaulicht werden. Die Metapher überträgt also Eigenschaften und Charakteristika einer Sache (oder Person) auf eine andere Sache (oder Person). Wir können Metaphern auch selbst gestalten, um so Informationen und Argumente einfacher und anschaulicher zu vermitteln.

Die gewählte Metapher beeinflusst unser gesamtes Denken. Genau an diesem Punkt kann die erwünschte Resonanz erzeugt werden. Ich denke dabei zum Beispiel an das Wort »Paragrafendschungel«. Was suggeriert dieses Wort? Sehen wir uns den Anwendungsbereich dieser Metapher genauer an:

| Paragrafendschungel | |
|---|---|
| Gesetz | Dschungel |
| Das Gesetz besteht aus (zu) vielen Paragrafen. | Der Wald besteht aus dicht zusammen-gewachsenen Pflanzen. |
| Die Gesetze sind undurchdringlich (fast niemand versteht sie). | Die Vegetation ist undurchdringlich. |
| Die Gesetze sind unberührt (und sollten endlich überarbeitet werden). | Der Wald ist unberührt. |

Niemand will, dass Gesetze wie ein Dschungel wirken, doch genau deswegen gibt es die Metapher. Die Eigenschaften eines Dschungels werden auf Gesetze übertragen.

Die Psychologin Lera Boroditsky von der Stanford University führte 2011 ein Experiment durch, in dem sie überprüfte, wie unterschiedlich Menschen auf den gleichen Sachverhalt reagieren.[26] Der Text, der den Probanden vorgelegt wurde, unterschied sich in Bezug auf die verwendeten Metaphern; der Sachverhalt und alle Zahlen und Fakten waren jedoch dieselben. Er handelte vom Kriminalitätsproblem der fiktiven Stadt Addison. Anschließend wurden die Teilnehmer befragt, wie sie dieses Problem lösen würden.

In einem Text wurde Kriminalität als »wildes Tier« bezeichnet, im anderen als »Virus«.[27] Das Ergebnis des Experiments bestätigte die Kraft der Metapher: Die Teilnehmer, die das Bild der Kriminalität als wildes Tier im Kopf hatten, tendierten dazu, Kriminelle einzufangen und zu bestrafen. Die anderen, denen die Kriminalität als Virus vorgeführt wurde, neigten dazu, die Ursachen des Problems zu erforschen. Den Teilnehmern war die jeweilige Metapher nicht einmal bewusst. Sie gaben an, nicht explizit dadurch beeinflusst worden zu sein.[28]

Die Fortsetzung des Experimentes bestätigte diese Beobachtung eindrucksvoll. Neue Teilnehmer bekamen den Text mit zusätzlichen metaphorischen Bildern vorgelegt. Kriminalität wurde in einem Text zum »wilden Tier, das in der Stadt lauert«, in dem anderen war von Kriminalität als Virus die Rede, »das die Nachbarschaft plagt«. Und das Ergebnis? Die Metapher verstärkte die Plausibilität der jeweiligen Behauptung – in diesem Fall: »Kriminelle müssen bestraft werden.« Diese Aussage war für die Teilnehmer, die den ersten Text (»wildes

Tier, das lauert«) gelesen hatten, wesentlich plausibler als für diejenigen, die es mit der Metapher »ein Virus, der plagt« zu tun hatten.

## EPONYM UND METONYMIE

Wir können auch die Eigenschaften eines Menschen auf einen anderen übertragen und ihn so treffend charakterisieren. Genau genommen handelt es sich dann nicht um eine Metapher, sondern um ein Eponym.

Dazu ein Beispiel: Konfuzius war ein chinesischer Philosoph und Lehrmeister. Wir verwenden seine Zitate auch heute noch gerne. Nennst du nun eine Person »Konfuzius«, würdest du damit quasi die allgemein bekannte Weisheit von Konfuzius auf diese Person übertragen (Eponym). Ich wende das Eponym gerne in Steigerungsformen an, wie zum Beispiel: »Du bist weise? Natürlich! Du bist ein Konfuzius.« In diesem Fall handelt es sich um die positive Verwendung eines Eponyms. In der negativen Ausprägung – wenn ich beabsichtige, bei meinem Gegenüber negative Gefühle hervorzurufen – sähe das beispielsweise so aus: »Es tut mir leid, du warst zu langsam, du bist halt kein Sebastian Vettel!« Eponyme eignen sich besonders gut für den Fall, dass du mit Menschen und Teams zusammenarbeitest und jemanden wegen einer besonderen Leistung hervorheben oder loben möchtest.

Im Club Blue Danube Speakers, den ich in Oberösterreich gegründet habe, ist Thorsten ebenfalls Mitglied. Thorsten nimmt gerne an Triathlon-Veranstaltungen teil. Zu diesem Thema hielt er im Club einmal einen Vortrag. Ein anderer Redner sprach später ebenfalls über seine neuen sportlichen Ambitionen. Ich moderierte den Abend und sagte zu ihm, nachdem er mit seinem Vortrag fertig war: »Du wirst noch zu Thorsten.« Alle im Publikum hatten Thorstens Rede noch im Kopf und wussten, auf welche seiner Eigenschaften ich damit anspielte. Die Person, auf die man sich bezieht, muss also nicht unbedingt berühmt sein – es reicht, wenn ihre Eigenschaften oder Eigenheiten dem Publikum bekannt sind. Du kannst mithilfe des Eponyms bestimmte Leistungen einer Person besonders hervorheben oder abschwächen.

Abschließend noch eine dritte Variante: Ich kann mich noch gut an meine Zeit im Bankensektor erinnern. Die interne Revision prüfte periodisch das Ordermanagementsystem, für dessen Betrieb ich verantwortlich war. Fristen, welche »die Revision« gesetzt hatte, wurden stets eingehalten. Warum war das so? Die interne Revisionsabteilung in der Bank hatte klare Befugnisse und wurde folgerichtig von allen Beschäftigten ernst genommen. So hatte die Aussage »Die Revision setzt uns folgende Frist« viel mehr Gewicht als der Satz »Der Herr Meier von der Abteilung für interne Prüfung gibt uns noch bis Ende des Monats Zeit«. Genau das kann man sich bei seiner Argumentation zunutze machen. Es handelt sich hierbei um das rhetorische Stilmittel der Metonymie.[29]

Der Unterschied zum Eponym besteht darin, dass bei der Metonymie (»Die Revision setzt uns folgende Frist«) ein Begriff als Ganzes für eine Person oder eine Gruppe von Personen verwendet wird. Beim Eponym hingegen (»Du bist ein Konfuzius«) werden Eigenschaften einer Person auf eine andere übertragen,

Die Metonymie vereinfacht auch unsere Sprache – was jedoch nicht immer positiv zu bewerten ist. In der Umgangssprache wird die Metonymie auch manchmal unbewusst negativ angewendet. In einem Seminar erzählte mir eine Teilnehmerin mit Handicap, sie werde manchmal auf Busfahrten vom Fahrer gefragt: »Wo will der Rollstuhl denn hin?« Sie antwortet dann immer gerne: »Der Rollstuhl will dort hin, wo ich hin will.«

## KONKRET

Nutze Metaphern und ihre Verwandten (Eponym, Metonymie), um deine Argumente zu verstärken und Informationen verständlicher zu transportieren.

## ÜBUNGEN

### DER WOHNUNGSENGPASS

In dieser Übung wandeln wir das Experiment von Lera Boroditsky etwas ab. Das Thema ist nun der Wohnungsengpass in einer Stadt. Es gibt zwei Möglichkeiten, dieses Problem zu lösen. Entweder werden die Immobilienpreise erhöht oder man baut neue Wohnungen. Welche Metaphern könnte man verwenden, um die jeweilige Argumentation zu stärken? Welche Metapher würde die erste Lösung (Preise erhöhen) unterstützen? Ist vielleicht die Nachfrage zu groß? Wo könnte die Nachfrage (zu) groß sein? Die andere Argumentation plädiert für den Bau neuer Wohnungen als Lösung für den Wohnungsengpass. Welche Metapher fällt dir ein, wenn etwas zu eng oder zu klein wird?

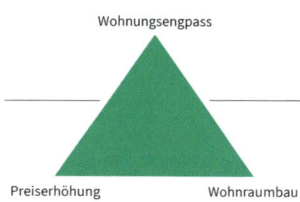

Formuliere jeweils zwei Argumente mit der zugehörigen Metapher.

Preiserhöhungen:

_____

Wohnraumbau:

_____

(Ein paar Ideen dazu findest du in den Anmerkungen.[30])

## WOHNUNG

In welche Richtungen könntest du die Stimmung eines Ver-
mieters mit folgendem Glaubenssatz treiben? »Mieter bedeuten Aufwand.« Die Metaphern »Mieter sind wie Schmarotzer« und »Mieter bedeuten
Zinsen« stehen im Raum. Entwi-
ckele entsprechende Schlussfol-
gerungen.

Mieter

Formuliere jeweils zwei Argumente mit der plausibelsten
Schlussfolgerung.

sind Schmarotzer     bringen Zinsen

_____          _____

Schmarotzer:

_____

Zinsen:

_____

(Ein paar Ideen dazu findest du in den Anmerkungen.[31])

## DER HUND

Donald Trump im Wahlkampf ist wie ein Hund, der bellt, oder wie ein Hund, der beißt. Was könnte mit beiden Metaphern gemeint sein?

Hund, der bellt:

_____

Hund, der beißt:

_____

## METONYMIE IM TÄGLICHEN SPRACHGEBRAUCH

Überlege dir drei weitere Beispiele, wie wir Metonymien in unserem täglichen Sprachgebrauch verwenden.

Die Feuerwehr ist hier; Deutschland ist bei uns zu Gast;

_____

_____

*Befindlichkeit Teil 2:*
*Emotionen, der zweite Level der Überzeugung*

Im letzten Schritt hast du bereits mit Emotionen gearbeitet. Emotionen sind ein Kernaspekt von Metaphern. Erinnere dich nur kurz an den Hund, der bellt oder beißt – natürlich löst das Emotionen aus. Im Folgenden werden wir uns die Bedeutung von Emotionen für die Argumentation noch einmal speziell bewusst machen – das ist vor allem dann wichtig, wenn man gerade keine Metapher oder nicht genügend Fakten parat hat. Aristoteles sagt zwar, Pathos (Emotionen) sollte man nicht mit Logos (Argumenten) vermischen; die Praxis zeigt jedoch, dass Emotionen ein sehr gutes Hilfsmittel für die Argumentation sind. Das trifft insbesondere bei weichen Argumenten zu, die weniger auf Fakten beruhen. Ein Beispiel: Populisten in der Politik machen sich nicht nur Metaphern zunutze, sondern spielen auch gerne mit den Ängsten und Hoffnungen der Menschen.

Der Mensch ist ein überwiegend emotionales Wesen, daher überlagern Emotionen oft die Logik und wirken stärker. Ich betrachte sie daher als den zweiten Level der Überzeugung. Mit Emotionen zu argumentieren bedeutet jedoch nicht, dass die Begründung deshalb schlechter sein darf als ohne den Einsatz von Emotionen.

Das Thema Emotionen wird später im Buch (im Kapitel »Emotionen durch Geschichten hervorrufen«) noch detaillierter beleuchtet; an dieser Stelle konzentrieren wir uns daher auf die beiden wichtigen Emotionen Angst und Liebe.

Angst ist eine sehr starke Emotion, die wir am liebsten vermeiden möchten. Ein Argument, das Angst auslöst, kommt beim Empfänger mit Nachdruck an. Genau damit arbeiten Versicherungen. Warum sollte man sich sonst über die Zahlung einer monatlichen Gebühr vor einem unvorhersehbaren Ereignis schützen wollen? Weil man Angst hat, dass dieses Ereignis eintritt. Diesen Umstand können wir uns in der Argumentation zunutze machen.

Ein Beispiel: Angst vor Arbeitslosigkeit. »Wir müssen uns gegen Flüchtlinge wehren, denn sie nehmen uns unsere Jobs weg.« (Das Beispiel ist natürlich frei erfunden und hat nichts mit meiner persönlichen Meinung zu tun.) Wie kommt diese Aussage bei verschiedenen Personen an? Es gibt zwei Möglichkeiten: Wenn jemand in seinem Beruf – aus welchen Gründen auch immer – schlechte Erfahrungen mit Menschen mit Migrationshintergrund gemacht hat, ist er für ein Argument wie dieses eher empfänglich als ein Mensch, der diese Erfahrungen nicht gemacht hat. Auch Menschen, die gerne andere Länder bereisen und für fremde Kulturen offen sind, sind für dieses Argument vermutlich weniger empfänglich. Die Kunst besteht also darin, mithilfe der Begründung die entsprechenden Emotionen auszulösen.

Der Gegenpol zu Angst ist Liebe. Wir handeln, weil wir vor etwas Angst haben oder weil wir jemanden lieben. Denke an Menschen, die dir sehr nahestehen: der Partner, die Freundin oder dein Kind. Ein Beispiel: Möchten wir nicht alle für unsere Kinder eine gute Ausbildung? Wir könnten daher für das folgende Argument durchaus empfänglich sein: »Wollen Sie wirklich, dass Ihr Kind erst in der Schule Englisch lernt? Studien beweisen, dass Kinder Sprachen gut beherrschen, wenn sie diese früher lernen.« So könnte ein Kindergarten für sein Angebot werben. In diesem Fall hängt der Erfolg der Argumentation davon ab, wie viel Stellenwert wir als liebevolle Eltern dem Sprachunterricht in Englisch geben.

## KONKRET

 Rufen wir uns nun den Argumentationsbrillanten in Erinnerung. Auch in Bezug auf den Faktor Emotionen sind die Abhängigkeiten der einzelnen Elemente gegeben. Man möchte mit einer Behauptung und Begründung und eventuell einem Beispiel bei seinem Gegenüber ein gewisses Befinden (Emotion) auslösen. Auch hier spielen wieder alle Faktoren zusammen.

## ✒ CHECKLISTE

Ja    Nein

☐ ☐ Ich kenne die Emotionen, mit denen ich bei meinem Gegenüber eine Aktion auslösen kann.

☐ ☐ Die Emotionen, die ich auslösen möchte, werden durch eine plausible und gut nachvollziehbare Begründung untermauert.

☐ ☐ Ich achte darauf, die Emotionen in der richtigen Dosis zu verwenden (und argumentiere nicht nur auf der Basis von Emotionen).

☐ ☐ Ich möchte mit meinen emotionalen Signalen auf keinen Fall moralisch fragwürdige Haltungen ansprechen.

### ▷ EMOTIONAL ARGUMENTIEREN

1. Überlege dir ein weiches Thema (z. B. die Wahl des Urlaubsorts), zu dem du einen klaren Standpunkt hast. Nun möchtest du jemanden davon überzeugen:

_____

_____

2. Überlege dir nun, welche Emotion du mit deiner Argumentation auslösen möchtest:

_____

_____

3. Welche Begründungen solltest du liefern, um diese Emotion auszulösen?

_____

_____

*Zuverlässige Quellen und Informationen finden*

*»Wir sind überzeugt, wenn wir annehmen, etwas sei
bewiesen.«*

ARISTOTELES[32]

Wir haben uns nun ausführlich mit dem Thema Argumentation beschäftigt. Aber manchmal möchte man Zuhörer gar nicht von der
eigenen Meinung überzeugen, sondern einfach »nur« Wissen vermitteln. Egal ob du dieses Wissen als Basis für deine Argumente (Begründung) nutzt oder ob du den puren Inhalt vermitteln möchtest,
überzeugen solltest du in beiden Situationen! Sehen wir uns das Thema Informationsvermittlung etwas genauer an.

Biete deinen Zuhörern vor allem Informationen an, die sie noch
nicht kennen. Vermittle ihnen neues Wissen, um auf diese Weise
noch mehr Nutzen bieten zu können. Wichtig: Du solltest unbedingt
nur glaubwürdige und zuverlässige Quellen verwenden, die deine
Aussagen untermauern oder, besser noch, beweisen.

Was ist eigentlich eine Information? Umgangssprachlich wird die
Bedeutung einer Nachricht (die einen Sachverhalt ausdrückt und einem Zweck dient) als Information bezeichnet.[33] Achte beim Recherchieren der Informationen (Fakten, Statistiken o.Ä.) darauf, wer diese
bereitgestellt und belegt hat. Nutze Quellen, die von Experten auf
dem jeweiligen Gebiet verfasst oder zitiert wurden und seriös sind.
Unseriöse, zweifelhafte Quellen gefährden deine Glaubwürdigkeit.
Wirtschaftsdaten lassen sich beispielsweise gut über Statistiken des
Wirtschaftsprüfers EY (früher Ernst & Young) recherchieren, während Elektrizitätsunternehmen valide Daten zum Thema Stromver-
brauch liefern können.

Bücher, die sich seriös mit dem jeweiligen Fachgebiet beschäftigen – und von namhaften Autoren verfasst wurden –, sind nach wie
vor eine vertrauenswürdige und glaubwürdige Informationsquelle.
Google Books oder das Feature »Blick ins Buch« von Amazon bieten ganz legal einzelne freigegebene Textausschnitte (z. B. Inhaltsver-
zeichnis und Leseproben). Auf diese Weise kannst du feststellen, ob
sich der Kauf des Buches für deine Recherche lohnt. Manche E-Book-

Anbieter senden vorab auf Wunsch eine Leseprobe zu. Damit kannst du einschätzen, ob die gesuchte Information in diesem Buch zu finden ist. E-Books, die über einen der bekannten Anbieter wie Amazon (Kindle) oder Hugendubel (Tolino) erhältlich sind, bieten noch weitere Vorteile für deine Recherche:

- E-Books sind günstiger als die Printausgaben.
- Sie können mithilfe der Suchfunktion wesentlich schneller durchsucht werden als ein gedrucktes Buch.
- Manche Anbieter arbeiten mit einem zeitlich befristeten Rückgaberecht. So kannst du das Buch problemlos zurückschicken, falls du den gewünschten Inhalt nicht gefunden hast.

Gerne werden auch Experten gebeten, sich zu einem bestimmten Thema fundiert zu äußern. Stell dir vor, Lothar Matthäus wird vom deutschen Fernsehen eingeladen, ein Fußballspiel zu kommentieren. Er analysiert die Spielzüge, Torchancen und Entscheidungen des Trainers.

Sein Background: Lothar Matthäus war als Nationalspieler bei fünf Fußballweltmeisterschaften dabei, wurde 1990 Weltmeister, ist deutscher Rekordnationalspieler mit 150 Einsätzen und trainierte bereits sieben Fußballvereine.

In der darauffolgenden Woche wird Dieter Bohlen eingeladen, ein anderes Fußballspiel zu kommentieren. Er äußert ebenfalls seine Meinung zu Spielzügen, Torchancen und Entscheidungen des Trainers. Dieter Bohlen ist Jurymitglied bei den Castingshows »Deutschland sucht den Superstar« und »Das Supertalent«. Als Musikproduzent war er mit mehr als 100 Songs in den deutschen Charts vertreten (davon 14-mal Platz 1) und verkaufte mehr als 160 Millionen Tonträger. Er selbst erreichte mit seiner Band »Modern Talking« fünfmal Platz 1 der deutschen Single-Charts.[34] Hier kommen wir wieder zurück zum Thema Argumentation. Wer hat aus deiner Sicht wohl die besseren Argumente? Wem schreibst du mehr Glaubwürdigkeit bei der Analyse des Fußballspiels zu? Lothar Matthäus oder Dieter Bohlen? Ohne die Argumente zu analysieren, bilden wir unser Urteil. Nun kann man das Szenario auch in die andere Richtung drehen. Die beiden sollen versuchen, die Chancen eines

Nachwuchskünstlers in der Musikszene realistisch einzuschätzen. Wem sollte der junge Künstler eher Glauben schenken?

Dieses Beispiel lässt sich beliebig erweitern – was ist etwa von einem Politiker zu halten, der medizinische Ratschläge erteilt? Auch in diesem Fall würde die Mehrheit ihr Vertrauen tendenziell eher einem Arzt schenken. Das Gleiche gilt für Unternehmen und Ausbildungsstätten. Sind dort glaubwürdige Experten tätig oder fungieren sie als Berater, wird man den Informationen, die von dort kommen, sicherlich grundsätzlich vertrauen.

Generell gilt: Hinterfrage Informationen kritisch, rechne Zahlen im Zweifelsfall selbst nach und prüfe die Quellen deiner Quellen.

Ich möchte das anhand eines Beispiels darstellen: Einer der ersten Computer mit grafischer Benutzeroberfläche, der Xerox Alto aus dem Jahr 1970, kostete 32 000 US-Dollar. Nun könnte eine Quelle behaupten, dies entspräche aus heutiger Sicht fünf oder sechs VW Golf. Ist das korrekt? Die Frage lässt sich ohne weitere Informationen nicht eindeutig beantworten:

- Wurde der richtige Verbraucherpreisindex gewählt?
- Welcher Umrechnungskurs liegt der Berechnung zugrunde?
- Was ist heute? Die Quelle könnte zwei oder mehr Jahre alt sein!
- Was kostet ein neuer VW Golf heute? Für welches Land wurde er hergestellt und mit welcher Ausstattung?

Nun kann es sein, dass die Präsentation in Österreich gehalten wird und mit dem Neupreis eines VW Golfs in der Schweiz gerechnet wurde. Ist egal? Nein, ist es nicht! Eine Präsentation ist wertlos, wenn ich mir nicht einmal die Mühe mache, die Richtigkeit der Informationen zu überprüfen. Damit biete ich meinem Publikum eine riesige Angriffsfläche. Also bleibt nur eins: selbst prüfen und nachrechnen. Los geht's:

Laut DollarTimes.com entspricht 1 Dollar aus dem Jahr 1970 heute 6,27 Dollar. 32 000 US-Dollar x 6,27 US-Dollar = 200 640 US-Dollar. Der Euro entspricht zum Zeitpunkt der Überprüfung (März 2016) 1,1007 US-Dollar. 200 640 US-Dollar / 1,1007 US-Dollar = 182 284 Euro. Auf volkswagen.at habe ich mir einen Golf im Wert von 25 227 Euro mit mittlerer Ausstattung konfiguriert. 182 284 Euro / 25.227 Euro = 7,22 VW Golfs. Resultat: Die Aussage oben stimmt.

Wenn ich gefragt werde, wie ich zu meinen Informationen gekommen bin, will ich antworten können, wie ich das gemacht habe!

Ein zweites Beispiel: Im Zuge einer Recherche will ich herausfinden, wie viele Präsentationen am Tag gehalten werden, und stoße immer wieder auf die Zahl » 30 Millionen« , unter anderem auf *Welt.de* (allerdings ohne Originalquelle). Also forsche ich nach: *Heise.de*, ein renommiertes IT-Nachrichtenportal, spricht ebenfalls von 30 Millionen Präsentationen und auch in der *Handelszeitung* stoße ich auf diese Zahl. Perfekt, ich verwende die Zahl 30 Millionen, denn ich habe gute Quellen dafür gefunden.

Erst durch Zufall habe ich entdeckt, dass die Zahl von Robert Gaskins stammt, einem der Erfinder von PowerPoint, der das Unternehmen 1993 verlassen hatte. » After I left, others from the original team continued working and ten years later, by 2003, PowerPoint revenues for Microsoft exceeded $1 billion annually. By then PowerPoint was being used by over 500 million people worldwide, with over 30 million PowerPoint presentations being made every day.« [35]

Die Zahl ist also heute – im Jahr 2017 – 14 Jahre alt! Jeder verwendet diese Angabe, aber niemand macht sich die Mühe, sie zu überprüfen! Wie hoch wird die Zahl wohl heute sein? Vermutlich um ein Vielfaches höher. 60 Millionen, 100 Millionen, ich weiß es nicht – ich konnte es nicht herausfinden. Einmal mehr ein Beweis, wie gefährlich es ist, sich blind auf irgendwelche Angaben zu verlassen, auch wenn es viele vermeintlich gute Quellen gibt. Wenn man angibt, aus welchem Jahr die Zahl tatsächlich stammt, kann man sie natürlich trotzdem verwenden. Die Zuschauer können dann selbst raten, wie hoch die Zahl heute sein mag. Zwischen 30 und 100 Millionen liegt jedoch ein großer Unterschied.

Prüfe die Informationen, die du weitergibst, äußerst sorgfältig. Hinterfrage deine Quellen. Prüfe die Quellen deiner Quellen!

## CHECKLISTE

Ja    Nein

☐    ☐    Ich kenne die Quelle meiner Quelle.

☐    ☐    Ich erachte die Quelle als glaubwürdig.

☐    ☐    Meine Quelle ist renommiert (Fachliteratur, Studie usw.)

☐    ☐    Ich kann die Zahlen, die ich kommuniziere, nachvollziehen.

☐    ☐    Ich habe die Zahlen selbst nachgerechnet.

## ÜBUNGEN

### FAKTENRECHERCHE

Überlege dir ein Thema deiner Wahl. Ein Bereich, der dich interessiert, in dem du jedoch über keine Expertise verfügst:

_____

Nun definiere die Botschaft. Lege fest, warum du dich für das Thema interessierst.

Botschaft: _____

Suche nun nach Informationen, die deine Botschaft unterstützen und interessante Fakten zum Thema enthalten.

Mich fasziniert der alpine Skisport unter anderem deswegen, weil die österreichischen Skifahrer häufig eine Medaille erobern:

2016: Gold im Ski-Weltcup der Herren
2015: Gold im Ski-Weltcup der Herren und Damen
2014: Gold im Ski-Weltcup der Herren und Damen
2013: Gold im Ski-Weltcup der Herren; Bronze im Ski-Weltcup der Damen

Quelle für diese Fakten: Webseite der Federation Internationale de Ski: http://www.fis-ski.com/

Welche Quellen hast du für deine Fakten gewählt? Warum schreibst du diesen Quellen eine hohe Glaubwürdigkeit zu?

_____

 *Informationen in Erinnerung behalten*

Als Redner und Präsentatoren haben wir ein Ziel: Unsere Zuhörer sollen sich an unsere Argumente und Informationen lange erinnern. Warum können sich nun aber manche Zuhörer länger an unsere Botschaft erinnern als andere? Oder anders gefragt: Warum merken sich manche Personen mehr als andere? Die Antwort darauf ist einfach: Manche lernen anders. Sie nutzen Methoden aus dem Gedächtnissport. Sie wissen, dass gut aufbereitete Informationen wesentlich besser vom Gehirn verarbeitet werden können als »rohe Informationen«. Wir erinnern konkrete, anschauliche Informationen wesentlich effektiver als abstrakte und unstrukturierte Informationen[36] – und wir setzen sie entsprechend besser um.

Wende diese Methoden auch auf die Informationen an, die du deinen Zuhörern mitgeben möchtest und die sie nicht vergessen sollten. Ich möchte dir insbesondere die folgenden Methoden ans Herz legen.

### ASSOZIATIONS-METHODE[37]

Diese Methode wird vor allem in der Werbebranche verwendet. Ein sehr gutes Beispiel dafür ist die Imagekampagne der Verkehrsbetriebe Zürich (VBZ), die von der Werbeagentur Ruf Lanz konzipiert wurde. Das Ziel: Die Kunden der VZB sollten ein Gefühl dafür bekommen, welche enormen Strecken die Fahrzeuge ihres Verkehrsbetriebs jährlich zurücklegen – am besten durch ein anschauliches Bild.

Die jährliche Fahrleistung der gesamten VBZ-Flotte entspricht 35 207 000 km. Die konkrete Zahl stand nicht im Mittelpunkt der Kampagne, sondern lediglich die Größenordnung. Dafür wandten die Macher die Assoziations-Methode an: »Die jährliche Kilometerfahrleistung der VBZ-Flotte ist etwa so viel wie 90-mal zum Mond.«[38]

Es geht nicht um die eigentliche Zahl, denn wie lange können (bzw. wollen) sich die Passagiere diese krumme Zahl merken? Sekunden oder Minuten? Länger vermutlich nicht, wenn sie die Zahl nur einmal kurz sehen oder hören würden. Es geht hier vielmehr darum, ein Gefühl für die Größenordnung zu bekommen.

Dieses Bild platzierten die VBZ in all ihren Fahrzeugen. Der Mond ist natürlich ein ideales Assoziationsobjekt (Sternenhimmel, das endlose All, Sehnsucht, Fernweh etc.) und daher mehr als einprägsam. Eine Haltestelle auf dem Mond, welcher Verkehrsbetrieb hat das schon? Zugegeben, das Objekt ist außergewöhnlich. Doch

Imagekampagne der Verkehrsbetriebe Zürich (VBZ)

je außergewöhnlicher (und dennoch bekannt) dieses Assoziations-objekt ist, desto länger und leichter merkt sich der Zuhörer die Fakten.

Solche Assoziationen eignen sich hervorragend, um Zahlen visuell zu veranschaulichen. Projiziere ein geeignetes Bild an die Wand, das in Verbindung mit den relevanten Zahlen bestimmte Assoziationen weckt. Im Schritt »Visuelle Hilfsmittel bestimmen« gehe ich noch näher darauf ein.

Fakten und Argumente sollten für dein Publikum gut aufbereitet sein. Je leichter du deinen Zuhörern das Einprägen der Fakten machst, desto besser werden sie diese Informationen aufnehmen und vor allem abspeichern.

### ANALOGIE-METHODE[39]

Auch Analogien eignen sich zur besseren Veranschaulichung und Erklärung von komplexen Fakten, Zahlen und Sachverhalten. Der komplexe Sachverhalt wird dabei zu einem einfachen in Analogie gesetzt – so wird deutlich, wie sich die beiden zueinander verhalten. Der Lerneffekt entsteht dadurch, dass der einfache Sachverhalt bereits bekannt ist und den komplexeren indirekt erklärt. Diese Verknüpfung erleichtert zudem das Merken der wichtigen Fakten und Zusammenhänge. Welche Analogien fallen dir ein?

Ein Beispiel zur Darstellung von Verhältnissen ist der sogenannte Goldene Schnitt, der unter anderem in der Architektur und der bildenden Kunst eine Rolle spielt. Er zählt zu den Zahlen-Analogien. Der Goldene Schnitt ist das Verhältnis zwischen zwei Größen:[40]

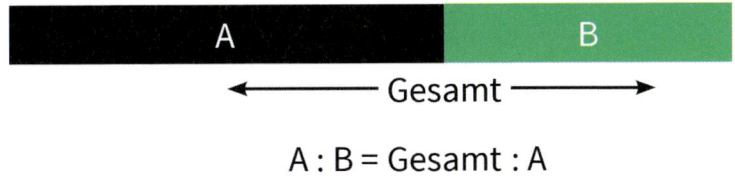

$$A : B = Gesamt : A$$

Der Goldene Schnitt

Auch die Fotografie orientiert sich an diesem Größenverhältnis. Es besagt, dass sich beim idealen Bild das Objekt, das man fotografieren möchte, nicht in der Mitte des Bildes befinden sollte, sondern am Goldenen Schnitt. Man teilt das Bild in drei Teile (waagerecht und senkrecht) und zieht eine Linie bei 38,2 Prozent und 61,8 Prozent. Wäre das Bild zum Beispiel 10 Zentimeter breit, würdest du einen senkrechten Strich bei 3,82 Zentimetern und einen bei 6,18 Zentimetern ziehen.

Der Goldene Schnitt ist keine künstliche Erfindung, er findet sich unzählige Male in der Natur, zum Beispiel beim menschlichen Körper. So verhält sich die Distanz »Kopf bis Bauchnabel« zu »Bauchnabel bis Fuß« wie die Distanz »Bauchnabel bis Fuß« zur gesamten Körpergröße. Auch hier sind wieder die 38,2 Prozent und die 61,8 Prozent im Spiel. Denn im Groben sollte die Länge vom Bauchnabel bis zum Boden 61,8 Prozent deiner Gesamtkörpergröße entsprechen.

Wir finden den Goldenen Schnitt auch in der Botanik und in der Architektur. Es lassen sich also Analogien von der Botanik zur Architektur[41] und von der Architektur zur Fotografie ziehen – und so weiter. Bei Laubbäumen entspricht das Verhältnis von der Höhe der Baumkrone zur Tiefe der Wurzeln meistens dem Goldenen Schnitt. Beim Parthenon-Tempel auf der Akropolis stößt man ebenfalls auf den Goldenen Schnitt: Die Proportionen vom Fundament bis zum oberen Ende der Säulen und vom oberen Ende der Säulen bis zur Spitze des Tempels entsprechen ihm.

Der Parthenon-Tempel in Athen[42]

Schwer verständliche Tatsachen können wir ebenfalls in eine Analogie setzen. Manche dieser Tatsachen kennen wir zwar, können sie jedoch nicht im Detail verstehen. Wir wissen beispielsweise, dass es in unserer Volkswirtschaft Zinsen gibt. Wozu es Zinsen gibt, ist oftmals nur Volkswirten klar. Für Verständnis sorgt in diesem Fall die Sachverhalts-Analogie. Dazu ein Beispiel.

Gläubiger verhalten sich wie Kinder: Wenn das Kind heute eine Kugel Eis bekommt, freut es sich. Bekommt das Kind die Kugel Eis jedoch erst in einer Woche, ist es enttäuscht. Um diese Enttäuschung zu vermeiden oder zu mindern, bietet man dem Kind mehr Kugeln Eis: »Nächste Woche gibt es dafür zwei Kugeln Eis« – genau das sind Zinsen (positive Zinsen, wie es sie bis vor Kurzem noch gab). Sie stellen eine Art Entschädigung für den Fall dar, dass man den Wert (die Kugel Eis) nicht sofort beziehen kann.

Auf dieselbe Weise können neuartige Technologien mit bereits bekannten in Analogie gesetzt werden. So beschreibt sich das Unternehmen Linemetrics, das Maschinendaten erfasst, als »Google Analytics für die Industrie«. Im Informatikumfeld ist Google Analytics jedem ein Begriff. Es handelt sich um einen Service, der die gesamte Auswertung der Webseite übernimmt. Es werden Daten über die Besucher gesammelt und ausgewertet; man hält zum Beispiel die Dauer des Besuchs fest, um zu ermitteln, wie lang oder kurz die Besucher auf jeder einzelnen Seite verweilen. Google stellt dafür ein Stück Programmcode zur Verfügung, das die Webseiten-Betreiber in die Webseite integrieren können. Danach läuft der Service, und Google Analytics ist bereit zu analysieren. Die Auswertung der Daten erfolgt in der Cloud. Mit dieser Analogie suggeriert Linemetrics, dass ihre Software so leicht zu installieren ist wie das System von Google Analytics. Sie sind ebenfalls in der Lage, relevante Daten zu sammeln und entsprechend auszuwerten.

| Linemetrics | Google Analytics |
| --- | --- |
| Datenbox anstecken | Google Analytics Code integrieren |
| Maschinendaten in der Cloud auswerten | Webseiten-Daten in der Cloud auswerten |
| Daten über die Maschine sammeln | Daten über die Webseite sammeln |

## KONKRET

Verbinde komplexe Fakten mit einfachen Assoziationen und Analogien. Nutze kreativ die verschiedenen Methoden. Damit erhöhst du die Chance, dass deine Zuhörer die gelieferten Informationen besser aufnehmen und länger erinnern.

## ÜBUNGEN

 ### DIE MILLISEKUNDE

Setze eine Millisekunde (= 0,001 Sekunden) in ein Verhältnis und versuche dieses mithilfe einer Analogie zu beschreiben:

_____

### WARUM MUSS MAN EIN AUTO BETANKEN?

Erkläre einem Kind mit einer einfachen Analogie, warum man Autos betanken muss:

_____

_____

## Emotionen durch Geschichten hervorrufen

Oftmals reichen Argumente allein nicht aus, um jemanden zu über-zeugen. Natürlich ist es auch möglich, das Gegenüber nur durch Ar-gumente zu überzeugen; allerdings wird sie oder er in den seltensten Fällen damit zu einer Handlung bewegt. Dafür braucht man fast im-mer Emotionen. Sie bilden die zweite Ebene der Überzeugung. Um deine Botschaft auf diese zweite Ebene zu heben, lernst du in diesem Schritt, wie du deine Zuhörer in eine bestimmte Gefühlslage versetzen kannst, damit sie im Idealfall die gewünschte Handlung ausführen.

Ich zeige dir, welche Gefühle du ansprechen solltest, um die ge-wünschte Wirkung zu erzielen, und wie du diese durch Geschichten (Storytelling) auslösen kannst. Außerdem lernst du, wie du mehr Lei-denschaft in deinen Auftritt bringst.

 *Das Publikum emotional erreichen*

> *»Im Umgang mit Menschen dürfen wir nie vergessen, dass wir es nicht mit logischen Wesen zu tun haben, sondern mit Wesen voller Gefühle, Vorurteile, Stolz und Eitelkeit.«*

DALE CARNEGIE[43]

Emotionen werden in klassischen Präsentationen viel zu selten ein-gesetzt. Obwohl bekannt ist, dass selbst Entscheidungen, die sachlich getroffen werden, einen emotionalen Anteil haben, wird dieses Werk-zeug bislang kaum genutzt. Das sollte sich ändern.

Ich selbst erlebte den Unterschied zwischen Argumenten und Emo-tionen hautnah während eines Aufenthalts in Barcelona. Dort sind infolge der Wirtschaftskrise derzeit viele Menschen arbeitslos. In den schlimmsten Fällen treibt es sie sogar in die Obdachlosigkeit. Während der Zugfahrten in der Umgebung von Barcelona konnte ich immer wieder beobachten, wie Menschen durch den Zug gingen und einen beschriebenen Zettel auf jeden freien Platz legten – so auch ein etwa 40-jähriger Mann mit gepflegtem Äußeren während der Fahrt von Barcelona nach Castelldefels. Auf dem Zettel stand folgender Text:

»Hola senor y senora! No tengo trabajo, no tengo dinero, tengo vergüenza de usted y no tengo otra solución! Ayudame con una moneda. Muchas gracia!« (»Hallo, ich habe keinen Job, ich habe kein Geld. Ich fühle mich beschämt und habe keine andere Lösung. Bitte helfen Sie mir mit einer Münze. Vielen Dank!«)

Kurze Zeit später kam der Mann wieder zurück und sammelte seine Zettel ein. Ich beobachtete die Fahrgäste, sah jedoch niemanden, der Geld gespendet hatte. Mein Fazit: Jemanden mittels Argumenten zu einer Handlung bewegen funktioniert in diesem Fall nicht.

Eine ähnliche Geschichte ereignete sich am darauffolgenden Tag. Ich saß in einem Café in der Nähe der Universitat de Barcelona und beobachtete einen Mann, der im Müllcontainer nach Essbarem suchte. Er kletterte hinein und wühlte im Müll; manchmal fand er tatsächlich etwas Essbares und verschlang es sofort mit Genuss. In meinem Bauch begann es unangenehm zu kribbeln. Ich empfand Mitleid und Ekel zugleich. Nach einer Weile konnte ich den Drang, dem Mann zu helfen, nicht länger unterdrücken. Ich ging zu ihm, gab ihm Geld und sagte: »Para su próxima comida.« (»Für dein nächstes Essen.«) Der Mann lehnte das Geld jedoch ab – was mich sehr überraschte. Am Ende legte ich das Geld einfach auf seine Tasche, ohne zu wissen, ob er es später mitnehmen würde. Mein Fazit: Menschen mittels Emotionen zu bewegen, funktioniert.

Worin besteht nun der Unterschied zwischen den beiden Geschichten? Das erste Beispiel handelt von der Überzeugung durch Argumente. Das zweite Beispiel zeigt die Bedeutung von Emotionen. Die Argumente des Bettlers im Zug haben niemanden überzeugt. Es scheint, als gäbe es mittlerweile ein sogenanntes »organisiertes Betteln« – und das wirkt unglaubwürdig. Es fehlte an der emotionalen Vorgeschichte, die uns gezeigt hätte, dass dieser Mann tatsächlich (unsere) Hilfe benötigte. Der Obdachlose auf der Suche nach Essbarem im Müllcontainer erzeugte hingegen spontan Emotionen und dadurch den dringenden Wunsch, ihm zu helfen. Die Emotionen beinhalteten alle Argumente, ohne dass ein Wort nötig war.

Was genau ist dabei passiert? In meinem Körper hatte sich ein negatives Gefühl festgesetzt, das ich (unbewusst) wieder ausgleichen wollte, indem ich dem Mann half. Unser Gehirn möchte negative Emotionen vermeiden. Gleichzeitig suchen wir nach positiven Emotionen wie Freude oder Liebe. Wir möchten Negatives (z. B. Angst) vermeiden und Positives (z. B. Freude) erleben.[44]

## POSITIVE EMOTIONEN VERWENDEN

Vor einigen Jahren wollte ich meinen Zuhörern ein Wechselbad der Gefühle bescheren. Ich verwendete in einem Vortrag zwei Extremsituationen. Zu Beginn erzählte ich vom Tod der sechsjährigen Lara, die auf dem Weg zum Schulbus von einem Auto erfasst wurde. Abschließen wollte ich den Vortrag mit einer lustigen Geschichte, in der ein Freund beim ersten Wasserski-Versuch die Badehose verloren hatte und splitterfasernackt war. Beide Geschichten habe ich durch das Erzeugen von Bildern auf der Bühne und im Kopf der Zuhörer weiter ausgeschmückt:

1. »Innerhalb von Sekunden passierte es. Lara lief in ein fahrendes Auto und wurde über 40 Meter weit mitgeschleift. Der Notarzt konnte nichts mehr für das kleine Mädchen tun, es erlag seinen Verletzungen.«
2. »Der Bügel hängte ein, und ich übertreibe nicht: Es sah aus, als ziehe man Blechdosen hinter einem Hochzeitsauto her! Seine Skier hat er längst verloren, und ebenso seine Badehose. Er war nackt wie ein Neugeborenes!«

Die Geschichten erzeugen jeweils für sich die gewünschten Gefühle im Publikum. Als ich sie in diesem Vortrag kombinierte, war es mir jedoch unmöglich, es wieder in eine positive Stimmung zu versetzen. Die Blicke der Zuschauer zeigten, dass jeder Einzelne im Raum noch der Geschichte des kleinen Mädchens nachhing.

Das lehrte mich etwas Entscheidendes: Um zwei Gefühlszustände in einem Vortrag zu kombinieren, braucht es einen gewissen zeitlichen Abstand. Bei kürzeren Auftritten würde ich das auch gar nicht mehr versuchen; es funktioniert einfach nicht.

Generell überzeugen wir als Vortragende eher, wenn wir unserem Publikum sympathisch sind und dieses uns gegenüber positiv gestimmt ist.[45] Aus diesem Grund empfehle ich – insbesondere wenn unsere Zuhörer uns noch nicht (so gut) kennen – mit positiven Emotionen zu arbeiten. Welche das sind, sehen wir uns nun genauer an.

Emotionen sind ein viel diskutiertes und nicht ganz eindeutiges Thema. Was ist eigentlich eine Emotion? Es gibt viele Theorien, die Emotionen aus ganz unterschiedlichen Blickwinkeln betrachten. Eine dieser Theorien ist das sogenannte »Facial Action Coding System« (FACS) des US-amerikanischen Anthropologen und Psychologen Paul Ekman, mit dessen Hilfe wir sieben Basisgefühle anhand von Gesichtsausdrücken erkennen können. Diese Gesichtsausdrücke sind in verschiedenen Kulturen weltweit eindeutig. Es handelt sich um: Fröhlichkeit, Wut, Ekel, Furcht, Verachtung, Traurigkeit und Überraschung.

Das Facial Action Coding System hilft uns sehr gut dabei, die eigene Mimik zu trainieren, um gewisse Gefühlszustände noch glaubwürdiger zu transportieren. Die Basisemotionen alleine reichen meiner Ansicht nach jedoch nicht aus. Ich kann der mittlerweile über 200 Jahre alten Theorie von William James mehr abgewinnen: Man fühlt, nachdem der Körper reagiert hat. Oder in meinen Worten: Eine Emotion ist eine körperliche Reaktion auf eine Situation.

Das ist natürlich sehr allgemein gehalten. Sind Langeweile und Gelassenheit auch Emotionen? Das hängt ganz davon ab, auf Basis welcher Emotionstheorie man die Frage beantwortet. Da es davon so viele gibt (die sich unmöglich alle im Rahmen dieses Buches beschreiben lassen), möchte ich direkt auf den Punkt kommen und mich auf eine Theorie beschränken.

Die HUMAINE Association untersuchte einen Großteil der Emotionstheorien unter der Fragestellung, wie man Computerprogramme entwickeln kann, die Emotionen transportieren können. Die Programmiersprache, um emotionale Computer zu programmieren, umfasst 48 Emotionskategorien, die in zehn Bereiche unterteilt werden.[46] (Eine ausführliche Liste mit allen Emotionen befindet sich im Anhang des Buches.)

| Quiet positive | Ruhig & positiv |
|---|---|
| Positive & lively | Positiv & lebhaft |
| Caring | Fürsorglich |
| Positive thoughts | Positive Gedanken |
| Reactive | Reaktiv |
| Negative & not in control | Negativ & außer Kontrolle |
| Negative thoughts | Negative Gedanken |
| Negative & passive | Negativ & passiv |
| Negative & forceful | Negativ & kraftvoll |
| Agitation | Erregung |

Die zehn Emotionskategorien nach HUMAINE

Langeweile fällt dieser Definition gemäß in den Bereich »Negativ & passiv«. Gelassenheit unter »Ruhig & positiv«. Mithilfe dieser zehn Bereiche lässt sich gut erkennen, welche Emotionen wir in der Präsentation auslösen können. Sehen wir uns zunächst die positiven an:

- Die ruhigen und positiven Emotionen passen gut zum Beginn der Präsentation. Entspannung und Zufriedenheit sind gute emotionale Voraussetzungen, um einen Vortrag zu starten und eine Sympathiebrücke zu bauen. Idealerweise empfinden sowohl du als auch dein Publikum zu Beginn diese Emotionen. Je nach Thema kannst du im Laufe des Vortrags zu anderen Emotionsbereichen wechseln.
- Die positiven und lebhaften Emotionen umfassen vor allem den Humor, das Glück und die Freude – also alles, was eine gute Stimmung verbreitet. Je nach Themengebiet und Zweck der Präsentation ist es angebracht, diese Emotionen auszulösen.
- Die fürsorglichen Emotionen sind vor allem in Bezug auf jene Themen von Vorteil, bei denen es um Menschen und deren Probleme geht – und insbesondere dann, wenn du dein Publikum dafür gewinnen möchtest, diesen Menschen zu helfen.
- Die positiven Gedanken sind das Resultat dessen, was der Inhalt und die Geschichten mit dem Zuhörer machen. Beim Großteil der Präsentationen möchte man genau diese Emotionen auslösen.

- Die reaktiven Emotionen bestimmen, wie dein Publikum auf dich reagiert. Auch sie kannst du steuern. Sind die Menschen an deinen Inhalten interessiert oder überraschst du sie in bestimmten Momenten?

Es fällt Menschen wesentlich leichter zu lernen, wenn sie in eine bestimmte nicht alltägliche Gefühlslage versetzt werden. So wirst du die Information, dass eine Königsfamilie Nachwuchs bekommt, anders aufnehmen als die Nachricht, dass du selbst (bzw. deine Partnerin) ein Kind erwartest. Das heißt: Emotionen sind davon abhängig, ob und wie sehr wir persönlich betroffen sind bzw. wie relevant es für uns ist. Um eine bestimmte Emotion im Publikum auslösen zu können, muss etwas, das ich sage oder vermittle, für die Zuhörer relevant sein.

Schauen wir nun auf die negativen Emotionen. Generell plädiere ich dafür, eher die positiven Emotionen zu verwenden. Es gibt jedoch Situationen, in denen man bewusst auf negative Emotionen zurückgreifen kann. Negative Emotionen beherrschen unser Leben mindestens genauso stark wie die positiven. Wir wollen negative Emotionen vermeiden und durch positive ersetzen – und genau das machen wir uns als gute Rhetoriker zunutze.

- Die negativen Emotionen, die wir nicht unter Kontrolle haben, wollen wir auf jeden Fall vermeiden. Wir wollen niemals hilflos sein, wir wollen nie peinlich berührt sein oder uns um die Liebsten Sorgen machen müssen. An diesem Punkt setzen wir als Redner an. Wir beschreiben beispielsweise eine Situation, in der wir in einen unkontrollierbaren emotionalen Zustand kommen. Anschließend zeigen wir Wege auf, wie sich dieser emotionale Zustand vermeiden lässt.
- Die negativen Gedanken gehen in eine ähnliche Richtung. Der Unterschied besteht darin, dass wir sie unter Kontrolle haben. Das bedeutet: Wenn wir uns um jemanden sorgen, können wir nicht steuern, ob diese Person sich so verhält, wie wir es für richtig halten. Wenn wir aber Zweifel an uns selbst haben, können wir diese Zweifel bewusst durch andere Glaubenssätze aus der Welt schaffen. Die Aufgabe des Redners besteht nun darin, dem Publikum

aus diesem unangenehmen Zustand herauszuhelfen und ihm die richtigen Glaubenssätze mitzugeben.

- Zu den negativen und passiven Emotionen gehören Langeweile, Enttäuschung und Traurigkeit. Als Redner haben wir die Aufgabe, das Publikum aus diesem Zustand herauszuholen. Ein Beispiel: Bei einer Pressekonferenz wird ein Unternehmen mit einem Vorwurf aus der Öffentlichkeit konfrontiert – wir als Redner müssen nun versuchen, die Enttäuschung der Öffentlichkeit zu verringern. Langeweile darf ohnehin nie aufkommen. Trauergäste können wir zum Lachen bringen, indem wir an die positiven Momente im Miteinander mit dem Verstorbenen erinnern und diese hervorheben. Es gibt aber auch Situationen, in denen wir unser Publikum bewusst in Traurigkeit versetzen möchten. Denken wir einfach nur an die vielen Menschen, die sich gerne Liebesdramen ansehen – hier dient die Emotion der Unterhaltung. Und dann gibt es noch jene Situationen, in denen wir das Mitgefühl von Menschen bekommen und sie dadurch zu einer Handlung bewegen möchten (beispielsweise zu einer Spende nach einer Naturkatastrophe).

- Die negativen und kraftvollen Emotionen sind tatsächlich sehr stark und können eine gewisse Wirkung erzielen. Oftmals sind sie sogar zu stark! Wenn du so richtig geladen bist, gibt dir das die Kraft, gegen etwas oder jemanden vorzugehen, der diese negativen Emotionen verursacht. Das funktioniert zum Beispiel über die deutliche Zurechtweisung der anderen Person.

- Negative Emotionen haben jedoch sehr viele Nebenwirkungen: schlechte Stimmung, schlechtes Karma und wenig Bereitschaft, etwas zu ändern. Darin liegt unsere Herausforderung: Wir sollten versuchen, den Zuhörer aus dieser negativen Stimmung / Situation herauszuholen. Wenn wir es schaffen, eine wütende Person zu besänftigen, wird sie uns anschließend wesentlich wohlwollender gegenüberstehen als vorher.

- Die erregenden Emotionen wie Schock, Stress und Spannung möchten wir generell vermeiden. Als Redner können wir andere zumindest gedanklich in diese Emotionen versetzen und ihnen Wege aufzeigen, wie diese vermieden werden können.

Emotionen können natürlich auch in ihrer Intensität dosiert werden. Freude gibt es beispielsweise auf mehreren Stufen. Ich freue mich über eine kleine Aufmerksamkeit eines Menschen, den ich gerne habe – oder wenn ich ein Ziel erreiche, auf das ich viele Jahre hingearbeitet habe. Die Intensität hängt einerseits vom Ereignis ab und andererseits von der persönlichen Relevanz.

Viele dieser Emotionsbereiche sind Ausgangs- und / oder Zielemotionen. Man findet das Publikum also bereits in diesem emotionalen Zustand vor oder möchte es in einen bestimmten emotionalen Zustand versetzen. Wenn die Ausgangsemotion negativ ist, kann die Aufgabe des Redners darin bestehen, seine Zuhörer in einen positiven Gefühlszustand zu versetzen. Ist der Ausgangszustand positiv, kann die Aufgabe darin bestehen, die Zuhörer in verschiedene emotionale Zustände zu versetzen.

## KONKRET

 Finde heraus, auf welchen Emotionsbereich du in der jeweiligen Situation triffst. Wie ist die Gefühlslage deiner Zuhörer einzuschätzen? Willst du diese Gefühlslage verstärken? Oder liegt dir daran, sie zu verändern? Wenn Letzteres zutrifft: In welche emotionale Lage möchtest du die Zuhörer versetzen? Finde heraus, durch welche Metaphern und Geschichten du das erreichen kannst.

| Ja | Nein | |
|----|------|---|
| ☐ | ☐ | Ich bin sicher, dass meine Präsentation auch emotionale Aspekte beinhaltet. |
| ☐ | ☐ | Ich habe ein Gefühl dafür, auf welche Emotionen und Geschichten meine Zuhörer »anspringen«. |
| ☐ | ☐ | Ich weiß, welche Emotionen in welcher Situation angebracht sind. |
| ☐ | ☐ | Ich kenne und verstehe die Ausgangsemotionen meiner Zuhörer. |
| ☐ | ☐ | Ich weiß, in welchen emotionalen Zustand ich meine Zuhörer bringen möchte. |

## ÜBUNGEN

### ▷ ZUORDNEN VON EMOTIONEN

Ordne die Emotionen den Geschichten zu. Ziehe eine Linie von der Geschichte/Botschaft zur passenden Emotion.

| Botschaft | Niemand ist vor Krebs sicher. | Durch lenkende Maßnahmen kann man auch ein schier unmögliches Projekt bewältigen. | Einfach einmal Danke sagen. |
|---|---|---|---|
| **Geschichte** | Du erzählst die Geschichte eines Kollegen, der jahrelang Sport getrieben hatte und nun an Krebs leidet. | Du erzählst die Geschichte über eine Veranstaltung, die du organisiert hast und die, obwohl es anfangs gar nicht danach aussah, ein voller Erfolg wurde. | Du erzählst davon, wie du dich bei einem dir nahestehenden Menschen mit einer kleinen Geste einfach mal so bedankt hast. |

| Emotion | Freude | Trauer/Traurigkeit | Stolz |
|---|---|---|---|

Was gehört zusammen?

## MITARBEITERANSPRACHE

Stelle dir die folgende Situation vor. Du sprichst als Personalchef auf einer Mitarbeiterversammlung darüber, dass dieses Jahr kein Bonus gezahlt wird. Die Mitarbeiter haben das bereits kommen sehen. In welchem Gefühlszustand wirst du dein Publikum vorfinden?

---

In welche emotionale Lage möchtest du deine Zuhörer versetzen?

---

 *Geschichten finden*

> *»Jeder ist zwangsläufig der Held seiner eigenen Lebensgeschichte.«*

JOHN BARTH[47]

Emotionen erzeugst du am besten durch eigene Geschichten. Der russische Schauspiellehrer Konstantin Stanislawski hat den Begriff des emotionalen Gedächtnisses entwickelt, der besagt: Jede Emotion, die der Schauspieler darstellen will, muss er bereits selbst einmal erlebt haben. Weiter entwickelte Schauspieltheorien beziehen die gesamte Bühnenszene bzw. die Interaktion der Rollen mit ein. Diesen Vorteil können wir uns in der Rhetorik leider nicht zunutze machen. Außerdem sind wir ja Redner – und keine Schauspieler. Olivia Schofield hat das im Gespräch einmal so ausgedrückt: »Ein Schauspieler ist Experte darin, jemand anderes zu sein. Ein Redner ist Experte darin, er selbst zu sein.«

Geschichten wecken Neugier und schaffen Aufmerksamkeit. Erzähle Geschichten und das Publikum wird dich begleiten. Schon als Kind mögen wir lieber Gute-Nacht-Geschichten als »Gute-Nacht-

Fakten«. Geschichten erzählen bedeutet jedoch nicht, dass weniger Fakten geliefert werden – sie werden nur anders transportiert. Im Business-Kontext heißt das: Wenn wir Fakten in Form einer Geschichte erzählen können, fällt es dem Publikum leichter, sich diese Fakten zu merken.

Menschen merken sich Geschichten auch deswegen so leicht, weil diese mit bestimmten Emotionen verbunden sind. Auch Gedächtnistrainer arbeiten mit Geschichten, indem sie eine Reihe von Fakten mit einer Assoziationskette verknüpfen (wie sie bereits im Schritt »Informationen in Erinnerung behalten« vorgestellt wurde).

Eigene Geschichten machen dich als Redner sympathisch und »menschlich«, weil du etwas aus deinem Leben mit deinen Zuhörern teilst. Geschichten erzeugen die Nähe, die du brauchst, um die optimale »Verbindung« zu deinem Publikum aufzubauen.

Woher nimmst du nun die passenden Geschichten? Das ist ganz einfach – du findest sie in deinem alltäglichen Leben. Dabei kann es sich um Erfahrungen mit einer Sportart oder um die erste Begegnung mit einem Kunden handeln. Dein Leben schreibt deine Geschichten. Suche nach den Höhepunkten und Rückschlägen. Je tiefer der Fall war, desto interessanter sind die Geschichten und die Lektionen, die du gelernt hast, für deine Zuhörer. Zeige in den Geschichten auf, wie du die Probleme deiner Kunden erfolgreich löst – das schafft Vertrauen und wirkt sich am Ende positiv auf deine Überzeugungskraft aus.

Eine gute Geschichte hat vier Bestandteile: ein Held, ein Mentor, ein Schwellenhüter und eine Herausforderung (Bösewicht). Der Held stellt sich einer Herausforderung und schlägt den scheinbar unbezwingbaren Bösewicht in die Flucht. Der Mentor hilft dem Helden, die Herausforderung zu meistern, während der Schwellenhüter den Helden vor der Herausforderung warnt und ihn zurückhält. Ein Beispiel:

- Held: Superman
- Mentor: Jor-El (sein leiblicher Vater)
- Bösewicht: Lex Luthor
- Schwellenhüter (Hindernis): die Gehilfen von Lex Luthor

Welche Rolle möchtest du übernehmen? Die des Helden und das Publikum ist dein Mentor? Ich denke dabei zum Beispiel an den Projektleiter, der gegen Herausforderungen beim laufenden Projekt kämpft und sich Unterstützung vom Lenkungsausschuss (Mentor) holt. Oder bist du der Mentor, der dem Publikum (Held) in einer schwierigen Situation hilft, der es anspornt und ihm den Weg zeigt?

In beiden Konstellationen sollen deine Zuhörer von dir profitieren. Sie profitieren am meisten von erzählten Situationen, an denen du dir die Zähne ausgebissen hast, oder von Erfahrungen, die dich an deine Grenzen gebracht haben. Und sie lernen daraus etwas für sich selbst.

Achte darauf, dass deine Geschichte zu deinen Zuhörern passt, denn nicht jeder kann sich mit der gleichen Geschichte identifizieren. Wenn du von deiner ersten Begegnung mit der Welt des Fußballs erzählst, eignet sich das sicherlich gut für die meisten deutschen Manager (vor allem Männer); Menschen hingegen, die sich mit Fußball nicht identifizieren können, wirst du damit nicht erreichen.

Achte darauf, dass deine Geschichte sowohl deine Botschaft unterstützt als auch die gewünschten Emotionen erzeugt.

Meinen mit Abstand emotionalsten Vortrag hielt ich im Herbst 2011, direkt nachdem ich mit einer großen Herausforderung hatte umgehen müssen – doch dazu gleich mehr. Die Botschaft, die ich in diesem Vortrag kommunizieren wollte, lautete: »Kämpfe weiter, auch wenn das Leben dich in die Knie zwingt.«

Die Geschichte beginnt mit einem positiven Neuanfang. Ich lebte von 2010 bis 2015 in der Schweiz und wohnte in der ersten Zeit in einer kleinen, überteuerten Projektwohnung. Nun freute ich mich auf den Umzug in eine Mietwohnung in ruhiger und guter Lage. Die Übergabe war bereits erfolgt und ich übernachtete ein letztes Mal in meiner alten Wohnung.

Am nächsten Morgen bekam ich einen Anruf von meiner neuen Vermieterin: »Herr Nini, Ihre Wohnung ist heute Nacht abgebrannt!« Ich war einigermaßen verwirrt: Was konnte bloß die Brandursache gewesen sein? Und wer war schuld an dieser Katastrophe? Nach dem Telefonat fuhr ich direkt zur Wohnung – dort bot sich mir ein Bild der Zerstörung: Die Terrassentür war bereits geöffnet und die Glasfenster waren in tausend Teile zersplittert. Meine wenigen Habseligkeiten, die ich schon in der Wohnung gelagert hatte, lagen direkt neben den Glasscherben. Noch nie hatte ich eine solche Zerstörung in meinem direkten Umfeld gesehen. Meine Gefühle in diesem Moment lassen sich kaum in Worte fassen. Das Kribbeln im Bauch war kaum zu ertragen. Ich habe wirklich nicht nahe am Wasser gebaut, doch bei diesem Anblick stiegen mir die Tränen in die Augen. Der Rauch hatte die Wände schwarz gefärbt, Löschwasser hatte den Boden zerstört und die Hitze Plastikfronten schmelzen lassen – es war eine Katastrophe.

Die Brandursache war schnell gefunden: Einige Kleidungsstücke, die auf der Herdplatte gelegen hatten, hatten sich unter Hitzeeinwirkung entzündet. Ich hatte meine Klamotten auf die Küchenfläche gelegt, ohne darauf zu achten, dass auch ein Teil auf dem Herd lag. Ich fragte mich zwar, wer den Herd eingeschaltet hatte, aber das spielte ohnehin keine Rolle. Schuld hatte derjenige, der brennbares Material auf dem Herd abgelegt hatte. Ich selbst war der Brandverursacher und hatte somit die Kosten und die Verantwortung zu tragen. Eine Versicherung, die für den Schaden aufgekommen wäre, hatte ich zu diesem Zeitpunkt noch nicht abgeschlossen. Ich schätzte den Gesamtschaden auf etwa 100 000 Schweizer Franken.

Du wirst es mir vermutlich nicht glauben, doch mein nächster Gedanke war tatsächlich folgender: »Endlich wieder ein geiles Vortragsthema!« Ich erzählte die Geschichte am darauffolgenden Abend in unserem Rhetorik-Klub – bis dahin zweifelsohne mein emotionalster Vortrag. Ich musste mir gar keine Gedanken machen, wie ich die Emotion »Angst« authentisch vermittelte, schließlich waren Angst und Unsicherheit bei mir noch allgegenwärtig. Ich war Hauptdarsteller meiner Geschichte und musste mit dieser (scheinbar) unüberwindbaren Herausforderung umgehen. Allerdings war ich zunächst von einem starken Unsicherheitsgefühl erfüllt, da ich weder wusste, was auf mich zukommen würde, noch wie ich damit umgehen sollte. Mein Publikum nahm in dieser Situation die Rolle des Mentors ein, während der Schwellenhüter den Helden von der Herausforderung abhält. Die einen zeigten mir mögliche Lösungen auf und die anderen ließen mich voller Mitleid weiter in der damaligen Situation.

Versetze dich in eine Situation, die dir selbst widerfahren ist. Versuche die Geschichte noch einmal so zu erleben, wie du sie bereits einmal erlebt hast. Nachdem du den damaligen emotionalen Zustand wiederhergestellt hast, werden sich deine Stimme und deine Körpersprache automatisch anpassen. Dadurch kannst du die Geschichte ohne zusätzliche Anstrengung authentisch transportieren.

Eine wichtige Rolle beim Geschichtenerzählen spielen auch Bilder. Wir denken in Bildern. Welche Bilder wir mit welchen Ereignissen oder Orten verbinden, hängt von unseren Erlebnissen ab. Diese Bilder werden ständig durch neue Erlebnisse ersetzt.[48]

Bewusst wurde mir das auf meiner Reise nach Moskau. Bis zu diesem Zeitpunkt kannte ich Moskau nur aus »Rocky IV«, aus der Szene, in der Rocky dort am Flughafen ankommt. Wenn mir jemand von Moskau erzählte, stellte ich mir diese Stadt weitläufig wie London, die U-Bahnen ähnlich wie in Budapest und die Gebäude wie aus *Tausendundeiner Nacht* vor. Das war mein Bild von Moskau. Nun lernte ich die Stadt kennen, und ja – Moskau hatte etwas von *Tausendundeiner Nacht*. Meine bisherigen Bilder entsprachen nur meiner Fantasie. Doch während meines Aufenthaltes gewann ich eigene, persönliche Eindrücke von der Stadt, die meine bisherigen Bilder ersetzten.

Wenn du aus eigenen Erfahrungen schöpfst und deine Zuhörer daran teilhaben lässt, solltest du versuchen, deine damaligen Gefühle und Empfindungen möglichst detailliert zu beschreiben. Nur dann kann sich der Zuhörer weitestgehend in deine Situation versetzen und deine Gefühle nachempfinden. Er wird vermutlich nicht das gleiche Bild wie du im Kopf haben, wenn du an deine Erfahrung / Situation zurückdenkst. Dennoch wird er durch deine detaillierte Beschreibung (auch die deiner Gefühle) in der Lage sein, sich sein eigenes Bild zu machen.

Ein Beispiel: Du erzählst von einem Urlaubserlebnis an einem Strand in Florida. Auch wenn die meisten deiner Zuhörer vielleicht noch nicht in Florida waren, können sie sich einen Strand vorstellen, da sie vermutlich an diversen anderen Stränden in Deutschland oder Europa Urlaub gemacht haben. Wenn du nun detailliert beschreibst, wie es an diesem Strand in Florida aussah und wie du dich dort gefühlt hast, werden dir deine Zuhörer sehr gut folgen und deine Gefühle nachempfinden können. Im Idealfall bauen sie in dem Moment eine starke, sympathisierende Verbindung zu dir auf.

## KONKRET

Wenn ich mich heute mit Freunden über die Geschichte mit dem Wohnungsbrand unterhalte, geschieht das fast emotionslos. Das Ganze liegt bereits eine gewisse Zeit zurück, der Schaden ist abbezahlt und der Vorgang für mich abgeschlossen. Die Gefühle, die ich damals hatte, habe ich heute nicht mehr. Es waren vor allem Angst und Unsicherheit. Wenn ich die Geschichte heute jemandem erzähle, könnte er durchaus sagen: »Das kaufe ich dir nicht ab.« Ich muss also versuchen, mich wieder in die Situation zurückzuversetzen. Erst wenn ich mich richtig hineinsteigere, kann ich diese Emotionen glaubhaft wiedergeben. Das gelingt mir, indem ich intensiv an die Bilder denke, die ich gesehen habe. Und da es eine selbst erlebte Geschichte ist, wirkt auch meine Körpersprache authentisch – ich bewege mich so wie in der Situation selbst.

## CHECKLISTE

Ja    Nein

☐   ☐   Ich weiß, welche Inhalte (Zahlen, Daten, Fakten) ich besser über Geschichten transportieren kann.

☐   ☐   Ich kann die Elemente der Heldenreise in meiner Geschichte anwenden.

☐   ☐   Ich weiß, wer der Held meiner Geschichte ist (mein Publikum, ich oder jemand anderes).

☐   ☐   Ich kenne die Herausforderung des Helden in meiner Geschichte.

☐   ☐   Ich weiß, wer mich daran hindert, die Herausforderung zu bewältigen.

☐   ☐   Ich weiß, wer als Mentor des Helden fungiert (mein Publikum, ich oder jemand anderes).

☐   ☐   Ich kann die gewünschte Emotion auch selbst fühlen.

### DIE GESCHICHTEN DEINES LEBENS

Zeichne im Zeitstrahl links das Alter ein, ab dem du dich erinnern kannst, und rechts dein aktuelles Alter. Trage die Situationen ein, in denen es dir besonders schlecht erging (Tiefen), sowie die Situationen, in denen es dir besonders gut ging (Höhen) – wie auf einem EKG. (Diese Übung habe ich auf einer Toastmasters-Konferenz kennengelernt.)

Wichtige Situationen in meinem Leben

Wähle eine der Situationen aus und schreibe eine Geschichte darüber.

### FAKTEN IN GESCHICHTEN UMWANDELN

Einer meiner Kunden wurde einmal zu einer Podiumsdiskussion zum Thema »Negativzins: Sicherheiten von Vermögenswerten – ein unbekanntes Terrain?« eingeladen. Er leitete den Gesamtbereich der Wertpapierleihe einer Schweizer Bank. Als die Schweizerische Nationalbank (SNB) negative Zinsen einführte, war in seiner Abteilung so einiges passiert. In einer typischen Präsentation im Businesskontext würden viele einfach einen Fakt nach dem anderen bringen – dabei eignet sich diese Situation bzw. Fragestellung hervorragend zum Storytelling: Man kann sehr gut chronologisch erzählen, was passiert ist, nachdem die Negativzinsen eingeführt worden sind. So komplex die Thematik aus fachlicher Sicht sein mag, eine gute Erzählung darüber wird jeder verstehen. Es ist ja auch nicht jeder Bankkaufmann Experte für Wertpapierleihen – und Journalisten schon gar nicht. An dieser Veranstaltung nahmen viele Medienvertreter teil und man kann nur dann glänzen, wenn alle einander verstehen. Einer Geschichte können wesentlich mehr Leute folgen als einer trockenen Argumentationskette.

Ich möchte, dass du dich in eine ähnliche Situation versetzt. Welche Fakten hast du in der Vergangenheit präsentiert, die du in Form einer Geschichte erzählen kannst? Ruf dir diese Fakten in Erinnerung oder überlege dir neue Fakten und schreibe diese anschließend in eine Geschichte nieder:

### Mit Leidenschaft begeistern

*»Leidenschaft ist der einzige Redner, der immer überzeugt.«*
FRANÇOIS DE LA ROCHEFOUCAULD[49]

Jeder gute Auftritt lebt von der Leidenschaft, die der Redner ausstrahlt. Leidenschaft erzeugt Energie – und die brauchst du, um dein Publikum zu begeistern. Leidenschaft lässt sogar ein trockenes Thema interessant wirken.

Wann hast du das letzte Mal richtig geschwärmt? Wann warst du das letzte Mal begeistert von etwas oder jemandem? War es das Abendessen bei deinem Lieblingsitaliener, der letzte Urlaub in Spanien oder die erste Begegnung mit deinem (Traum-)Partner? Damals hast du leidenschaftlich davon erzählt. Dieses Gefühl, das du dabei empfunden hast, und die Ausstrahlung, die du hattest – genau das ist Begeisterung. Genau das ist Leidenschaft.

### LIEBE AUF DEN ERSTEN BLICK

Ich war Schüler, als 2003 die ersten internetfähigen Mobiltelefone auf den Markt kamen. Ich machte meine ersten Erfahrungen als Verkäufer nebenberuflich, lange bevor es Smartphones gab. Meine potenziellen Kunden hatten alle möglichen Einwände gegen diese Geräte: geringe Akkulaufzeit, mieser Empfang, viele Fehlerquellen und dann auch noch eine komplizierte Menüführung! Bald kam es zu zahlreichen Reklamationen, weil sich die Befürchtungen der Kunden als wahr erwiesen hatten. Samstagnachmittags standen lange Schlangen vor unserem Geschäft. Es blieb kaum Zeit, um durchzuatmen, aber dennoch habe ich meinen Job geliebt. Ich war sehr angetan von diesen Geräten und konnte mit meiner Leidenschaft auch die Kunden dafür begeistern. Dadurch konnte ich die vielen Beschwerden so entgegennehmen, dass die Kunden am Ende zufrieden das Geschäft verließen.

Als das neue LG U8220 auf den Markt kam, war es für mich Liebe auf den ersten Blick. Das Gerät war klappbar und für damalige Verhältnisse klein und handlich. Obendrein hatte es eine lange Akkulaufzeit und eine einfache Menüführung. Der Preis war mehr als in Ordnung. Ich führte meinen Kunden meinen absoluten Favoriten gerne vor. Ich geriet dabei immer ins Schwärmen und erzählte, wie ich das Handy selbst im Alltag nutzte. Die Antwort auf die meisten Kundenfragen war ohnehin dieses Gerät. Es war das Modell, das ich mit Abstand am meisten verkauft habe. Auch meine Familie und meine Freunde besaßen alle das LG U8220 – offenbar hatte ich das Handy durch meine Begeisterung verkauft, ohne dass es mir bewusst war.

Welche Lektion kann man aus dieser Geschichte lernen? Begeisterung schafft Glaubwürdigkeit! Wenn wir Leidenschaft für ein Thema spüren und die Fähigkeit haben, diese auch zum Ausdruck zu bringen, bemerkt unser Gegenüber sofort eine positive Körpersprache und Stimme. Eine gute Stimmvariation entsteht bei Begeisterung völlig automatisch; daher brauchst du an dieser Stelle gar keine Tipps für eine perfekte Stimme. Eine natürliche Stimme ist ohnehin wesentlich glaubwürdiger als eine bewusste Veränderung der Stimmlage.

Das Gleiche gilt für die Körpersprache, die infolge unserer Begeisterung völlig natürlich wirkt. Auch unsere Mimik drückt pure Freude aus (nonverbale Kommunikation). Diese Mimik bewusst herstellen – also Muskeln im Gesicht bewusst zu bewegen und einzusetzen –, das können nur geübte Schauspieler. Meine Kunden empfanden daher meine Begeisterung und Leidenschaft für das Modell als glaubwürdig. Sie wollten gerne die gleiche Begeisterung spüren wie ich, also kauften sie das Gerät.

### FOR THE LOVE OF PHYSICS

Professor Walter Lewin vom MIT wurde durch seine lebhaften, unkonventionellen Vorlesungen international bekannt. Physikalische Sachverhalte erklärt Lewin gerne live und äußerst anschaulich – unter anderem auch den Energieerhaltungssatz. Dieser besagt, dass Energie zwischen verschiedenen Energieformen umgeformt, aber niemals vernichtet werden kann. In einer Vorlesung lässt er eine 15 Kilogramm schwere Kugel pendeln. Er hängt sie an ein Seil in der Mitte des Raumes und stellt sich selbst an eine Wand, mit der Kugel in der Hand. Sollte er die Kugel loslassen, würde sie im Raum hin und her pendeln – also auch zu ihm zurückkommen.

Lewin nimmt die Kugel, hebt sie bis zur Höhe seines Kinns und sagt: »Das hier ist potenzielle Energie. Wenn ich loslasse, nimmt die potenzielle Energie ab und erzeugt durch die Bewegung kinetische Energie. An der senkrechten Position (in der Mitte) ist die potenzielle Energie null und die kinetische Energie am höchsten. Bewegt sich die Kugel weiter, nimmt die kinetische Energie ab und wird zu potenzieller Energie. Diese kann am Ende niemals größer werden als die Ursprungsenergie an der Ausgangsposition (potenzielle Energie), das heißt, die Kugel kommt nie weiter als bis zur Ausgangsposition!«

Walter Lewins Versuchsaufbau

Die 15 Kilogramm schwere Kugel würde also, wenn es stimmt, was er sagt, niemals weiter zurückpendeln als bis zu Walter Lewins Kinn. Die Sache hat nur einen Haken: Gibt er der Kugel nur einen kleinen Schubs mehr, pendelt die Kugel weiter und könnte ihn ernstlich verletzen. Professor Lewin setzt sein Leben aufs Spiel – für die Physik und für die Studenten. Und das, weil er die Physik so liebt!

Seine Studenten müssen den Energieerhaltungssatz nicht lernen, sie werden ihn dank seiner unvergesslichen Präsentation niemals vergessen! In einem Interview nennt Lewin schlechte Professoren kriminell: »Sie verpassen goldene Chancen – lieber lehren sie langweilig und die Studenten beginnen, Physik zu hassen.«[50]

Ich war daran interessiert, mehr über Walter Lewin zu erfahren. Seine Vorlesungen sind im Web verfügbar und werden laut seinen Aussagen täglich durchschnittlich 6000-mal angesehen.[51] Sogar sein Buch hat eine Liebeserklärung an die Physik als Titel: »For the Love of Physics«.

## KONKRET

Erkläre auch du deinem Thema deine Liebe. Um Leidenschaft auszustrahlen, musst du für das Thema »brennen«, ähnlich wie Walter Lewin. Finde heraus, warum du für dein Thema brennst! Finde heraus, warum du für dein Thema Leidenschaft empfindest. Warum ist es dir eine Herzensangelegenheit und warum sollte es auch eine Herzensangelegenheit deiner Zuhörer sein?

## CHECKLISTE

Ja   Nein

☐   ☐   Präsentiere ich etwas, wovon ich vollkommen überzeugt bin?

☐   ☐   Versprühe ich Leidenschaft für mein Thema?

### ▷ LEIDENSCHAFT FINDEN

Finde heraus, wofür du Leidenschaft empfindest. Was sind deine liebsten Hobbys? Notiere, warum sie dir so viel Freude bereiten.

_____

_____

_____

### WOZU DIE AUFREGUNG?

Worüber kannst du dich furchtbar aufregen? Welche Emotionen löst das aus? Warum gehen die Emotionen hoch?

_____

_____

_____

 *Das Publikum mit Fragen einbinden*

Am einfachsten kannst du dein Publikum mit Fragen einbinden. Es gibt verschiedene Fragetypen, die du in deiner Präsentation anwenden kannst. Die wichtigsten stelle ich im Folgenden vor:

#### CUI BONO

Cicero war ein Meister darin, sein Publikum einzubinden und die Fragetechnik für sich und seinen Mandanten zu nutzen. Während der Verteidigungsrede für Sextus Roscius fragte er ins Publikum: »Cui bono?« Übersetzt: »Wer hat profitiert?« Cicero geht grundsätzlich davon aus, dass die Person schuldig ist, die am meisten Nutzen aus einem Verbrechen zieht. Die Frage hat Cicero aber so platziert, dass die Argumentation die Antwort erahnen lässt. »Cui bono? Wer hat profitiert? Wer ist wohl verantwortlich für den Mord an diesem Mann? Unser Glückskind vom anderen Ende der Stadt, das plötzlich zum Gutsverwalter geworden ist, oder der loyale Sohn, der von dort verjagt wurde? Derjenige, der durch den Tod des Opfers plötzlich wohlhabend wird, oder der andere, der zum gleichen Zeitpunkt alles verliert. Kurz gefragt, war es entweder sein Feind oder sein Sohn?«[52]

Gut platzierte Fragen regen den Zuhörer an, über das Gesagte nachzudenken. Wie in einem gut geführten Verkaufsgespräch gibt sich der Zuhörer selbst die Antwort, die jedoch durch die rhetorische Frage in die (aus Sicht des Redners) richtige Richtung gelenkt wird. Zudem bekommt der Zuhörer das Gefühl, die Antworten selbst hergeleitet zu haben. Das Argument wird somit besser in seinem Kopf verankert.

| Fragetyp[53] | Frage | Bemerkung |
|---|---|---|
| Fokussierende Frage (schließend) | Wer hat profitiert? Cui bono? | An sich ist dies eine öffnende Frage. Durch die vorangegangene Argumentation erhält sie hier aber schließenden Charakter. Natürlich will Cicero, dass die Menschen den Ankläger Chrysogonus für schuldig halten. |
| Suggestivfrage (schließend) | Wer ist wohl verantwortlich für den Mord an diesem Mann? | Diese Frage steuert und gibt die Antwort »zwischen den Zeilen« gleich mit. Sie steuert so die Gedankengänge der Zuhörer. |
| Alternativfrage (schließend) | Unser Glückskind vom anderen Ende der Stadt, das plötzlich zum Gutsverwalter geworden ist, oder der loyale Sohn, der von dort verjagt wurde? | Die alternativen Fragen bieten zwei oder mehrere Auswahlmöglichkeiten. In der klassischen Anwendung kann man sich ohne Präferenz für eine der beiden Antworten entscheiden. In diesem Fall scheint jedoch nur eine der beiden Antworten infolge der vorangegangenen Argumentation richtig zu sein. Damit erhält die Frage den Charakter einer rhetorischen Frage. |
|  | Derjenige, der durch den Tod des Opfers plötzlich wohlhabend wird, oder der andere, der zum gleichen Zeitpunkt alles verliert. Kurz gefragt, war es entweder sein Feind oder sein Sohn? |  |

Die Anwendung rhetorischer Fragen durch Cicero

## KÖNNEN WIR NICHT …?

Rhetorische Fragen können auch bestimmte Emotionen auslösen – indem wir den Zuhörer zum Nachdenken bringen. Dafür eignen sich Fragen, die mit einer Verneinung starten und darauf aufbauen.[54] Diese emotionalen Fragen dienen nicht der Argumentation: Sie sollen vielmehr Emotionen auslösen, die unbewusst zur Handlung führen.

| Anfangsformulierung | Beispiel |
|---|---|
| »Können wir nicht …« | Können wir nicht alle einen Beitrag dazu leisten? |
| »Handelt es sich hier nicht um …« | Handelt es sich hier nicht vielmehr um das Thema Mut? Mut, etwas Neues zu wagen? |
| »Sollten wir nicht …« | Sollten wir nicht alle mehr Respekt vor älteren Mitmenschen haben? |

Mit einer Verneinung starten

Diese Fragen regen zum Nachdenken an und erzeugen Zustimmung, vorausgesetzt, dass sie richtig platziert sind. Frage: »Können wir nicht alle einen Beitrag zu … leisten?«; Gedanke: »Ja – ich kann eigentlich auch meinen Beitrag dazu leisten.« Emotionale Fragen unterstützen dich auf der zweiten Ebene der Überzeugung.

## ÖFFNENDE FRAGEN ZUR INTERAKTION

Dieses Werkzeug fördert die Interaktion zwischen dir und den Zuhörern. Die Antwort des Publikums ist frei wählbar, bleibt aber dennoch kurz. Nutze diese Frage, um mit dem Publikum zu interagieren. Damit schaffst du Aufmerksamkeit und lockerst die Atmosphäre.

Im Seminar stelle ich diese Frage: »35 207 000 – wie lange kannst du dir die Zahl merken?« Die Antwortmöglichkeiten sind frei:

- »Wie war die Zahl noch mal?«
- »Ich habe die Zahl bereits vergessen.«
- »Nicht lange.«
- »Eine Stunde.«

usw.

Ich habe die Frage zwar offen gestellt – prinzipiell sind alle Antworten möglich. Die Antworten bestätigen jedoch immer die eine These: Eine Zahl wie diese kann man sich nicht lange merken.

Wenn du eine Theorie hast, kannst du diese leicht über offene Fragen vom Publikum bestätigen lassen. Wenn die Theorie stimmt, werden die Antworten des Publikums sie bestätigen. Offene Fragen lockern die Atmosphäre auf und sind eine gute Alternative zu ödem Frontalunterricht. Die eine oder andere unerwartete Antwort fordert deine Spontaneität. Das Publikum liebt diese perfekten imperfekten Momente. Damit hast du sie alle auf deiner Seite.

Durch offene Fragen kannst du auch mehr über dein Publikum und seine Bedürfnisse herausfinden. Mit den Antworten kannst du die inhaltliche Richtung steuern und individuell auf dein Publikum eingehen. Wichtig dabei: Um diese Technik anwenden zu können, musst du deine Inhalte sehr gut beherrschen!

## LEHRREICH ODER LEERREICH

In jeder Situation, in der wir überzeugen möchten, braucht es eine Sympathiebrücke zu unserem Gegenüber. Erst wenn wir einem Menschen sympathisch sind, ist er uns wohlgesonnen. Geschlossene Fragen an dein Publikum, die oberlehrerhaft wirken, zerstören jede Sympathiebrücke. Ist das erst einmal geschehen, wird dir dein Publikum nicht mehr wohlgesonnen gegenübertreten und reagiert möglicherweise ablehnend auf deine Präsentation oder deinen Vortrag.

Ein Beispiel: Gründer von kleinen und mittleren Unternehmen haben oft schon so manche Höhen und Tiefen in ihrer Karriere durchlebt. Diese Menschen riskieren oft viel eigenes Kapital, das später im besten Fall gute Gewinne erwirtschaftet. Im schlechtesten Fall geht dieses Geld verloren. Diese Frauen und Männer haben sowohl Erfolg als auch Misserfolg kennengelernt und wissen meist ganz genau, wovon sie sprechen. Es wird für sie relativ leicht sein, eine Sympathiebrücke zu ihrem Publikum aufzubauen.

Es kann aber auch ganz anders laufen. Ich habe so eine Situation live erlebt. Auf einer großen Veranstaltung für Unternehmer kam ein Redner auf die Bühne und stellte eine oberlehrerhafte Frage nach der anderen – und ein ums andere Mal kam die Formulierung »Wissen Sie, was Erfolg ist?«. Offensichtlich hat dieser Man noch nie selbst ein

Unternehmen aufgebaut und versucht sich nun als Redner – leider mit wenig Inhalt. Er wirkte schlicht und einfach unglaubwürdig und konnte mit seinen Fragen keinen Unternehmer für sich gewinnen. Seine Fragen waren kontraproduktiv und so konnte keine Sympathiebrücke zwischen ihm und dem Publikum entstehen. Erwachsene Zuhörer brauchen keinen Oberlehrer, der sie ermahnt!

## KONKRET

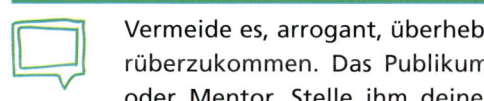 Vermeide es, arrogant, überheblich oder oberlehrerhaft rüberzukommen. Das Publikum braucht einen Helden oder Mentor. Stelle ihm deine Erfahrungen und dein Wissen zur Verfügung und binde dein Publikum mit verschiedenen Fragen ein. Achte auf die Anzahl der Fragen, denn hier kommt es auf die Dosis an. Weniger ist manchmal mehr.

## ✔ CHECKLISTE

☐ Ich stelle Fragen, mit denen ich Emotionen auslösen kann.

☐ Ich stelle Fragen, die einen Aha-Effekt erzeugen.

☐ Ich stelle Interaktionsfragen.

☐ Ich lege nach jeder Frage eine kurze Denkpause ein.

☐ Ich dosiere die Anzahl meiner Fragen und stelle nicht zu viele.

☐ Ich stelle Fragen sowohl ans gesamte Publikum (Formulierung: Wir, Ihr, Sie) als auch an einzelne Personen (Formulierung: Du, Sie). Bei der Frage ans Publikum lasse ich meinen Blick ins gesamte Publikum schweifen. Bei der Frage an einzelne Personen blicke ich gezielt in deren Richtung.

### FRAGEN STELLEN

Versuche im nächsten Gespräch, in dem du überzeugen möchtest, den Verlauf vermehrt mit Fragen zu lenken. Ob es darum geht, welche Bar man abends besucht, oder um die Entscheidung für eine neue Vertriebsstrategie, spielt dabei keine Rolle. Wichtig ist dein geschickter Einsatz von Fragen. Welches Gespräch würde sich für diese Übung eignen?

## Glaubwürdigkeit vermitteln & Authentizität ausstrahlen

Ob wir jemanden für kompetent oder inkompetent halten, lässt sich oft gar nicht rational begründen. Der erste Eindruck entsteht eher unbewusst. Nonverbale Signale wie beispielsweise Körpersprache, Mimik und Stimmlage lassen uns entscheiden, ob wir jemanden als kompetenten Gesprächspartner wahrnehmen.

### *Den ersten Eindruck nutzen*

Die Eröffnung deiner Präsentation hinterlässt einen ersten Eindruck bei deinem Publikum. Nutze diese Chance, diesen Eindruck hervorragend und unvergesslich zu gestalten. Baue von Beginn an eine Sympathiebrücke zum Publikum auf, indem du positiv startest, um es von deiner Idee und deinem Thema zu überzeugen. Die Elemente, die du zu Beginn deines Auftritts einbaust, sollten kraftvoll und überraschend sein. Hebe dich von der Masse ab. Die Chance zum unvergesslichen Auftritt gibt's nur einmal.

»Hallo und herzlich willkommen zur Kick-off-Präsentation unseres Projektes.«, »Ich mache die Präsentation heute zum ersten Mal – aber ich versuche mein Bestes …« »Es tut mir leid, ich kann ja eigentlich gar nicht präsentieren.«

Unzählige Male habe ich Präsentationseröffnungen wie diese gehört – und das geht bestimmt nicht nur mir so. Wir schießen uns damit zu Beginn selbst ins Aus! So ein Beginn ist im Grunde eine Einladung an das Publikum, gedanklich abzuschweifen, noch bevor wir richtig begonnen haben. Warum nutzen so wenige Menschen die Chance, von Beginn an zu überzeugen? Wir können uns nur einen kraftvollen Start erlauben, denn wie beim Flugzeug braucht der Start am meisten Schub und Aufmerksamkeit!

Schuld daran ist der Halo-Effekt[55] (Halo = engl. für Heiligenschein). Der Psychologe Edward Thorndike untersuchte im Ersten Weltkrieg, wie Vorgesetzte ihre Untergebenen bewerten. Die Ergebnisse sind höchst interessant. Thorndike fand beispielsweise heraus, dass gutaussehende Soldaten mit aufrechter Körperhaltung im Vergleich zu den anderen Soldaten tendenziell in allen Bereichen bessere Noten erhielten.[56] Dabei kann man aufgrund von Aussehen und Haltung gar keine Rückschlüsse beispielsweise auf die Qualität des Schuhputzens ziehen. Unbewusst bewerten Menschen Fähigkeiten aufgrund eines anderen (ersten) Eindrucks. Heute ist dieser Zusammenhang als Halo-Effekt bekannt.

»Ähm, ähm. Nächste Folie bitte. Sehr geehrte Damen und Herren. Willkommen …« Langweilige und einschläfernde Eröffnungssätze wie diese kommen in Unternehmen tagtäglich vor. Spätestens beim zweiten Satz hätte ich gedanklich abgeschaltet. Hand aufs Herz, hast du dich selbst schon einmal bei einer so missglückten Eröffnung ertappt? Wenn der Redner dann noch erwähnt, dass er keine Ahnung vom Präsentieren hat, ist die Gefahr groß, dass der Halo-Effekt zum Feind wird. So könnten die Zuhörer aus diesem ersten Satz Rückschlüsse auf die gesamte Präsentation ziehen und den Redner fortan für inkompetent halten. Wir sollten diese schwachen Sätze einfach gegen ausdrucksstarke Sätze auswechseln. Verwenden wir den Halo-Effekt für und nicht gegen uns!

Hier kommt eine Alternative: »Alles verändert sich, sobald man sich selbst verändert, hat eine kluger Mann einmal gesagt. Genau darum sind wir heute hier. Unser Projekt ›Fast Track‹ wird unsere Prozesse vereinfachen. Liebe Kollegen …«

Erkennst du den Unterschied? Diese Rede startet kraftvoll und positiv. Auch die Begrüßung kommt vor, nur eben nicht ganz zu Anfang.

Solange wir nicht vor einer Gruppe von Rentnern sprechen, empfehle ich, den ersten Satz nicht mit einer Begrüßung oder der eigenen Vorstellung zu füllen. Die eigene Vorstellung kann man weglassen, wenn der Moderator das bereits erledigt hat oder wenn die Zuhörer schon wissen, mit wem sie es zu tun haben. Suche dir, wenn möglich, vor deiner Präsentation jemanden, der dich und das Thema kurz vorstellt.

Schaffe Neugier und leite in dein Thema ein, indem du das Publikum von Beginn an in deinen Bann ziehst. Nutze den Überraschungs- und Halo-Effekt. Danach kannst du näher auf das Thema eingehen (mehr dazu findest du im Schritt »Durch Struktur überzeugen«).

So könntest du deine Präsentation eröffnen:

| Eröffnungsart | Beispiel |
| --- | --- |
| Geschichte | Mein Vater war ein Auslandsstudent, geboren und aufgewachsen ist er in einem kleinen Dorf in Kenia. Er wuchs als Ziegenhirte auf und ging in einer Wellblechhütte zur Schule.[57] |
| Rhetorische Frage | Liebst du kaltes Wasser an heißen Sommertagen? Kaltes Wasser stillt deinen Durst? Ich springe am liebsten hinein!<br>ACHTUNG: Keine oberlehrerhaften Fragen verwenden, wie etwa: »Wissen Sie, was Erfolg ist?« Jeder weiß, was Erfolg ist! |
| Anapher (zwei oder mehr Sätze, die mit derselben Wortgruppe beginnen) | Erfahrung, der Name unserer Fehler;<br>Erfahrung gibt es nicht gratis;<br>Erfahrung, die Schule mit den höchsten Gebühren!<br>Ich bezahlte meine Gebühren im … |
| Zitat | »Erst verstehen, dann verstanden werden«, schreibt Stephen Covey in seinem Buch »Die sieben Wege zur Effektivität«.<br><br>»Es wird einen weltweiten Bedarf von vielleicht fünf Computern geben«, sagte Thomas Watson, der Chef von IBM, im Jahr 1943. |
| Überraschung | »Heute üben wir das Zehnfingersystem.« (Bevor ich die Bühne betrat, zeigte ich ein Video von einem Wettbewerb im Maschineschreiben aus dem Jahr 1938.) Keiner hatte mit diesem ersten Satz gerechnet. Es ging in dem Vortrag um die ständigen Veränderungen in unserer Arbeitswelt. |
| Behauptung | Wir müssen ins Schwarze treffen! |

Eröffnungsmöglichkeiten für eine gelungene Präsentation

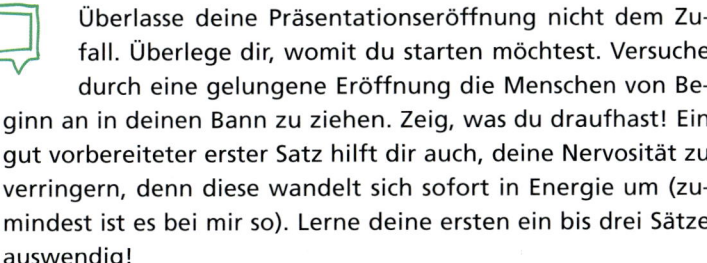

Überlasse deine Präsentationseröffnung nicht dem Zufall. Überlege dir, womit du starten möchtest. Versuche durch eine gelungene Eröffnung die Menschen von Beginn an in deinen Bann zu ziehen. Zeig, was du draufhast! Ein gut vorbereiteter erster Satz hilft dir auch, deine Nervosität zu verringern, denn diese wandelt sich sofort in Energie um (zumindest ist es bei mir so). Lerne deine ersten ein bis drei Sätze auswendig!

## CHECKLISTE

Ja   Nein

☐   ☐   Ich habe einen kraftvollen ersten Satz.

☐   ☐   Ich habe eine kreative Eröffnung und ziehe damit meine Zuhörer sofort in meinen Bann.

☐   ☐   Ich kann meinen ersten Satz mit Selbstbewusstsein und Energie vortragen.

☐   ☐   Meine Präsentationseröffnung leitet mein Thema gut ein.

☐   ☐   Die Begrüßung folgt nach den ersten Sätzen.

☐   ☐   Die Begrüßung beschränkt sich auf zwei bis fünf Wörter.

### SPRECHEN VOR EINER GRUPPE

Gelegenheiten, vor anderen zu sprechen, gibt es immer wieder. Ergreife die Führung und übernimm die Moderation. Achte bewusst auf deine ersten Sätze. Womit kannst du Aufmerksamkeit erregen?

Langweilig: »Wir haben uns hier versammelt, um ...«

1. Alternative:

_____

2. Alternative:

_____

### YOUTUBE-BOTSCHAFTEN

Wo liegt deine Expertise? Privat könnte das zum Beispiel ein Hobby sein. Was ist dein Hobby? Könnte es andere auch interessieren? Kannst du ihnen Tipps geben? Vermutlich. Über YouTube-Botschaften kannst du an deiner Rhetorik feilen. Stelle einfach Tipps ins Netz und versuche diese mit einem kraftvollen Satz zu eröffnen. Viel Spaß damit!

### FLIRTEN ÜBEN

Das Flirten mit einer unbekannten sympathischen Person ist eine hervorragende Übung für den ersten Satz. »Hallo ich bin ..., wer bist du?« könnte zwar funktionieren, ist aber etwas zu lahm. Gesucht wird ein anderer spannender erster Satz, der dein Gegenüber fasziniert und in deinen Bann zieht. Die sichere Variante, das Flirten zu üben, sind Online-Dating-Plattformen wie beispielsweise Tinder. Die harte Schule: Flirten in einer Bar, im Park oder in öffentlichen Verkehrsmitteln, also in alltäglichen Situationen. Dabei kannst du gleichzeitig an deiner Ausstrahlung arbeiten. (Achtung: Dieser Tipp ist nicht für jede Beziehung geeignet! Erkläre deinem Partner, dass es sich nur um eine Übung handelt und keinerlei Grund zur Eifersucht besteht!)

 *Glaubwürdigkeit nachweisen*

Wenn du in der Lage bist, Probleme zu lösen, die andere nicht so gut lösen können, bist du ihnen einen entscheidenden Schritt voraus. Tue Gutes und rede darüber. Dafür gibt es mehrere Möglichkeiten

Du kannst dich beispielsweise als Experte auf deinem Gebiet profilieren. Aber wie erlangt man Expertenstatus? Referenzen sind ein gutes Mittel, um deine Glaubwürdigkeit zu steigern. Stelle dein »Ethos« her, indem du von Erlebnissen mit Kunden, Erfahrungen aus Projekten und früheren Jobs berichtest. Zeige, dass du ein Experte bist, der sein Wissen »aus der Praxis« bezieht. Erzähle, an welchen Stellen deine Lösungen und Ideen bereits positiven Anklang gefunden haben. Erzähle Geschichten. Ich denke dabei an Herausforderungen durch Kunden, die du mit deiner Expertise gut meistern konntest. Dadurch bestätigst du deinen Expertenstatus und zeigst, dass viele Kunden dir vertrauen. Das stärkt deine Glaubwürdigkeit gegenüber deinen Zuhörern. Außerdem erzeugst du mit der Einbindung von Geschichten aus der Praxis mehr Aufmerksamkeit und weckst noch mehr Interesse für dein Thema.

Hole dir auch Unterstützung von außergewöhnlichen Persönlichkeiten, indem du deren Zitate verwendest. Du berufst dich dabei auf Personen, die für ihre Leistung bereits ausgezeichnet und gewürdigt wurden – beispielsweise Stephen Covey, Peter Drucker oder Anne Frank. Welche außergewöhnlichen Persönlichkeiten gibt es in deinem Bereich? Bekannte Wissenschaftler? Gründerväter? Im Folgenden findest du einige bekannte Persönlichkeiten aus verschiedenen Branchen. Wer fällt dir aus deiner Branche ein?

*Banking*
- Friedrich Wilhelm Raiffeisen, Namensgeber der Raiffeisen-
organisationen
- Alfred Escher, Gründer der Schweizerischen Kreditanstalt

*Mathematik / Physik*
- John Forbes Nash Jr., Erfinder der Spieltheorie
- Marie Curie, Entdeckerin des Radiums

*Informatik*
- Larry Page, Gründer von Google Inc.
- Ada Lovelace, gilt als erste Programmiererin (unter allen Pro-
grammierern) der Welt

*Psychologie*
- Melanie Klein, Pionierin der Kinderpsychoanalyse
- Abraham Maslow, Psychologe und Erfinder der Bedürfnis-
pyramide

Dies ist natürlich nur eine kleine Auswahl. Die Liste lässt sich je nach
Branche beliebig erweitern.

## KONKRET

 Bei der Verwendung von Zitaten gibt es einiges zu be-
achten:

- Wende das Zitat im richtigen Kontext an, und zwar so, wie
es vom Zitatgeber gedacht war.
- Achte darauf, dass der Zitatgeber den Menschen im Publikum bekannt ist. Falls das Publikum ihn nicht kennen sollte,
erkläre kurz, warum dieser Mensch bekannt war (oder ist)
und welche Leistungen er erbracht hat.
- Überprüfe, ob dein Zitat aus einer vertrauenswürdigen
Quelle (möglichst Originalquelle) stammt. Die falsche Wie-
dergabe eines Zitats beschädigt deine Glaubwürdigkeit.

- Achte darauf, dass deine Botschaft durch das Zitat unter-stützt wird.
- Und zu guter Letzt: Achte auf die Dosis. Zitate entfalten ihre Wirkung nur dann, wenn jedes einzelne von dir sorg-fältig ausgewählt wurde und man merkt, dass du es ganz bewusst einsetzt. Wenn du unzählige Zitate einbaust, büßt du etwas von deiner Glaubwürdigkeit ein, weil du offen-sichtlich alle Zitate nachschlagen musstest. Weniger ist auf jeden Fall mehr.

## ✔ CHECKLISTE

| Ja | Nein | |
|----|------|---|
| ☐ | ☐ | Ich erzähle Geschichten, mit denen ich meine Expertise unter Beweis stelle. |
| ☐ | ☐ | Diese Geschichten unterstützen meine Glaubwürdigkeit. |
| ☐ | ☐ | Ich verwende das Zitat im richtigen Zusammenhang. |
| ☐ | ☐ | Ich verwende Zitate in der richtigen Dosis. |
| ☐ | ☐ | Mein Publikum kennt den Zitatgeber. |
| ☐ | ☐ | Das Zitat unterstützt meine Botschaft. |
| ☐ | ☐ | Das Zitat entspricht genau dem Originaltext. Das habe ich überprüft. |

### LESEN

Die beste Methode, um gute Zitate zu finden, ist: Lesen! Lies Klassiker aus der Weltliteratur oder Autobiografien und Werke interessanter Persönlichkeiten. Schreibe dir gute und passende Aussagen für künftige Präsentationen heraus.

### NOTIEREN UND REFLEKTIEREN

Überlege: In welchen Situationen hast du in den letzten sieben Tagen deine Expertise unter Beweis gestellt? Wo konntest du mit deinen Stärken punkten? Halte diese Momente schriftlich fest; du wirst schnell merken, wie viele dieser Momente es in deinem Leben gibt. Du musst sie nur finden!

_____

_____

 *Einen überzeugenden Abschluss erzeugen*

Der Präsentationsabschluss ist ebenso wichtig wie der Auftakt. Damit hinterlässt du einen letzten bleibenden Eindruck bei deinem Publikum. Endest du zu schnell, ist möglicherweise deine Botschaft nicht zu 100 Prozent klar. Ziehst du das Ende in die Länge, kann es für deine Zuhörer langweilig werden und sie schalten ab. Nutze den Abschluss, um deine Inhalte noch einmal zusammenzufassen und die Botschaft ein letztes Mal auf den Punkt zu bringen.

Der Abschluss bietet dir eine gute Gelegenheit, um deine Zuhörer zum Handeln aufzufordern. Du kannst eine starke Wirkungskraft erzeugen, wenn du dich auf eine einzige Handlung fokussierst, die der Zuhörer vielleicht schon am nächsten Tag umsetzen kann. Diese Handlung steht in engem Zusammenhang mit deiner Botschaft und dem klar definierten Nutzen.

Wie bei der Eröffnung das langweilige »Sehr geehrte Damen und Herren« ist auch am Ende deiner Präsentation die typische Fragefolie oder das »Danke für Ihre / eure Aufmerksamkeit« unbedingt zu vermeiden. Wenn du jemandem etwas erklärst oder ihm hilfst, bedankst du dich ja auch nicht für seine Aufmerksamkeit. Mein Freund Florian Mück bringt es auf den Punkt: »Du hast dich nicht beim Publikum zu bedanken, denn du lieferst ihm einen Mehrwert.« Diese Aussage kann ich nur unterstützen. Genau genommen müsste sich das Publikum bei uns bedanken. Aber warum dann diese abgedroschenen Dankesformulierungen? Wir benötigen ebenso wenig ein Signal dafür, dass wir am Ende des Vortrags angelangt sind. Wird die Präsentation sauber abgeschlossen, erkennt der Zuhörer das automatisch.

Um eine elegante Verbindung zwischen Eröffnung und Abschluss herzustellen, kannst du beispielsweise das rhetorische Stilmittel Antimetabole verwenden (mehr dazu im Anhang unter »Die zehn ›A‹ der Rhetorik«):

| Eröffnung | Wir stehen für unsere Erfahrung! Wir stehen für unsere Werte! |
|---|---|
| Hauptteil | |
| Abschluss | Nun stehen die Werte für uns! Nun steht die Erfahrung für uns! |

Der Zuhörer erkennt automatisch – wenn du kraftvoll begonnen hast und den Satz nun in einer anderen Reihenfolge verwendest –, dass du am Ende der Präsentation angelangt bist. Es ist auch ganz klar, dass die Heldenreise vollendet ist, wenn der »Bösewicht« gefangen wurde oder die Moral deutlich geworden ist.

Versuche auf natürliche Art und Weise den Kreis, den du in der Präsentation mit deinen Themen begonnen hast, zu schließen. Führe nun deine Geschichten und Argumente zusammen, indem du die Parallelen zwischen ihnen aufzeigst. Das sorgt im besten Fall für einen schönen Aha-Effekt. Übertrage die Heldenstory deiner Geschichte auf dein Publikum, damit es mit dem Helden »gleichzieht«. Zeige die Moral deiner Geschichten und deiner Botschaft auf und fasse sie ein letztes Mal zusammen.

Fordere dein Publikum zur Handlung auf und biete ihm einen Ausblick auf die Zukunft. Lerne den letzten Satz deiner Präsentation auswendig! Überlasse beim Abschluss nichts dem Zufall. Das Auswendiglernen bewahrt dich davor, dich zu wiederholen und nicht auf den Punkt zu kommen.

Sollte es im Anschluss noch eine Fragerunde geben, ist es die Aufgabe des Moderators, diese einzuleiten. Oder du kündigst die Fragerunde nach deiner Präsentation an – vorher darfst du erst einmal den Applaus genießen.

## ✔ CHECKLISTE

| Ja | Nein | |
|----|------|---|
| ☐ | ☐ | Ich kann meinen letzten Satz auswendig. |
| ☐ | ☐ | Ich schlage die Brücke zur Eröffnung. |
| ☐ | ☐ | Ich habe mein Thema zusammengefasst. |
| ☐ | ☐ | Ich werde den Applaus genießen. |

### ERWISCHT!

Stell dir vor, du erwischst dein Kind beim Stehlen. Wie würde nach einer kleinen Standpauke dein letzter Satz lauten? Könnte er zum Beispiel an das gegenseitige Vertrauen appellieren? Oder bekommt das Kind Hausarrest?

### SALES-PITCH

Du bekommst die Gelegenheit, deine Dienstleistung einer anderen Person vorzustellen. Du hast ganze 90 Sekunden Zeit. Was wäre der letzte Satz?

# Teil 2: Präsentation erstellen

Nun ist es endlich so weit! Du hast die Elemente deines Auftritts konzipiert. Du bist dir deiner Kernbotschaft, deiner Zuhörer und vor allem deiner Argumente bewusst – der richtige Zeitpunkt also, um sie in die vorläufige, definierte Struktur zu bringen.

Der folgende Teil handelt davon, wie es dir gelingt, aus dem Konzept einen bühnenreifen und lebendigen Auftritt zu erstellen. Du folgst den nächsten Schritten, um das Beste aus deinem Konzept herauszuholen und bei deinen Zuhörern einen positiven, bleibenden Eindruck zu hinterlassen.

 **Den Titel festlegen**

So wie Texte eine Überschrift und Bücher einen Titel haben (und Sehenswürdigkeiten einen Namen), braucht auch deine Präsentation einen Titel – und das nicht nur, weil der Veranstalter sich das vielleicht wünscht, sondern weil die Präsentation dadurch greifbarer wird.

Mit »greifbarer« meine ich, dass man deinen Vortrag auch eindeutig identifizieren kann. Du hast nicht einfach nur vor einer Gruppe gesprochen, sondern du hast die Präsentation mit dem Titel »Hier ein Titel« gehalten. Lass mich das an einem Beispiel veranschaulichen:

Bis vor Kurzem genoss ich es im Urlaub, ohne einen Reiseführer durch die Stadt zu laufen. Ich sah mir die Gegend und die Gebäude an und ließ alles auf mich wirken. Der Zufall trieb mich dabei manchmal hin zu den bekannten Sehenswürdigkeiten. So war es beispielsweise in Bangkok. Auf dem Weg vom Lumpini-Park zur Khao San Road kam ich eher zufällig an einem Tempel vorbei (ohne auf dessen Namen zu achten), der mich interessierte. Ich besichtigte ihn und ging anschließend weiter. Nach der Reise wurde ich von Kollegen gefragt, ob ich den berühmten Tempel Wat Chakrawat besichtigt hatte. Und ich konnte diese Frage nicht beantworten – weil ich schlicht und einfach nicht wusste, ob ich das Bauwerk gesehen hatte! Vielleicht ja, vielleicht nein. Und das fand ich plötzlich schade. Später, als ich auf ein Bild des Wat Chakrawat stieß, erkannte ich den Tempel wieder – ich hatte ihn tatsächlich besichtigt! Hätte ich schon vorher einen Namen für das Bauwerk im Kopf gehabt, wäre mir das nicht passiert.

So ist es auch mit deinem Auftritt. Wenn du eine ordentliche Präsentation halten möchtest, musst du sie beim Namen nennen. Gib ihr einen Titel, sonst kann es sein, dass dein Werk schnell vergessen wird.

Dein Titel sollte anders sein als die anderen, um von vornherein eine gewisse Aufmerksamkeit zu erlangen. Und, ganz wichtig: Er sollte dein Publikum emotional erreichen. Nur dann wird es deinem Vortrag gespannt entgegensehen. Das gilt auch und vor allem für eher nüchterne Themen. Häufig klingt schon der Titel so uninspiriert und langweilig, dass niemand große Lust auf die Präsentation hat. Oft wird auch die Sichtweise des Publikums vergessen, und man hat es mit der typischen Wir-sind-so-toll-Präsentation eines Unternehmens zu tun.

Die Perspektive des Publikums und seine Emotionen sind gefragt – immer! Stell dir vor, du hältst auf einer Messe einen Vortrag. Das Messe-Thema: »Wie lernt man als Selbstständiger, konsequent seine Beratungsleistungen zu verrechnen?« Welcher Titel generiert deiner Meinung nach mehr Aufmerksamkeit: »Vertriebsschulung Messe xyz« oder »Bin ich hier die Caritas?«?

Ich hoffe, du hast dich für den zweiten Titel entschieden, denn dieser transportiert ganz klar Emotionen. Er spricht das negative Gefühl fehlender Wertschätzung an und suggeriert, dass dieses Gefühl vermieden werden kann. Ein guter Untertitel kann das noch besser kommunizieren, »Wie Sie sich nie mehr unter Wert verkaufen« beispielsweise. Was zeichnet den Titel »Bin ich hier die Caritas?« aus?

- Er ist frech und provoziert ein wenig.
- Er verwendet das rhetorische Stilmittel Metonymie.
- Er verwendet eine emotionale Frage (siehe dazu den Schritt: »Das Publikum mit Fragen einbinden«).
- Er schafft Neugier: »Wie kann ich alle Beratungsdienstleistungen verrechnen?«
- Er ist klar und bietet die Lösung eines Problems an.

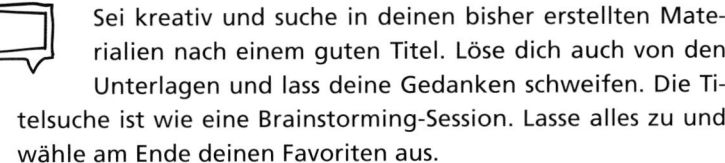

Sei kreativ und suche in deinen bisher erstellten Materialien nach einem guten Titel. Löse dich auch von den Unterlagen und lass deine Gedanken schweifen. Die Titelsuche ist wie eine Brainstorming-Session. Lasse alles zu und wähle am Ende deinen Favoriten aus.

# CHECKLISTE

| Ja | Nein | |
|----|------|---|
| ☐ | ☐ | Mein Titel ist kurz und knackig. |
| ☐ | ☐ | Mein Titel ist nicht langweilig! |
| ☐ | ☐ | Mein Titel weckt Neugier. |
| ☐ | ☐ | Mein Titel hat, wenn nötig, auch einen Untertitel. |

# ÜBUNGEN

## TITEL MESSEPRÄSENTATION

Du präsentierst deine neue Küchenmaschine KM2100 auf der Messe für innovatives Backen. Du zeigst in deiner Präsentation, wie man effizient Eiscreme herstellt – und zwar mit Stickstoff. Wie lautet der Titel deiner Präsentation?

# Die Präsentationsdauer abschätzen

Wie lange muss oder darf eine Präsentation sein? Lang genug, um das Wesentliche abzudecken, kurz genug, um sie interessant zu halten. Dieser Satz bringt es auf den Punkt. Erzähle nur das Wesentliche. Zu den wesentlichen Dingen zählen die Elemente, die der Botschaft dienen und deinem Zuhörer den gewünschten Nutzen bieten. Redner tendieren oft dazu, ihr gesamtes Wissen in einen Vortrag zu packen, und vergessen dabei, dass die Fülle der Informationen vom Publikum gar nicht aufgenommen werden kann. Konzentriere dich daher auf die wesentlichen Informationen. Wenn du alle Informationen preisgibst – sowohl wichtige als auch unwichtige –, kannst du nicht mehr steuern, welche davon sich deine Zuhörer merken und welche nicht. Die Aufmerksamkeit deiner Zuhörer ist beschränkt. Konzentriere dich also auf das Wichtigste, um sicherzustellen, dass dies bei den Zuhörern haften bleibt.

## Die Faustregel

Wie viel Zeit steht dir für deinen Vortrag zur Verfügung? Handelt es sich dabei um Bruttozeit oder Nettozeit? Die Nettozeit ist die effektive Redezeit – sie beginnt mit deinem Eröffnungssatz und endet, wenn das Publikum nach deinem letzten Satz zu klatschen beginnt. Hinzu kommt die Zeit für die Vorbereitung des Saales, für die Ankündigung eines Moderators und eine Q-&-A-Session. Alles zusammengenommen bildet die Bruttozeit.

Oft ist nicht klar, ob der Veranstalter von Brutto- oder Nettozeit spricht. Im schlimmsten Fall wird die Zeit, die du für die Vorbereitung des Raums benötigst, von deiner echten Redezeit abgezogen. Ich habe diesen Fall schon selbst erlebt und hatte zum Glück auch eine kürzere Version des Vortrags vorbereitet. Kläre also unbedingt im Vorfeld ab, wie viel Redezeit dir wirklich zur Verfügung steht.

Pünktlichkeit wird bei einem Experten vorausgesetzt. Pünktlich sein heißt nicht nur, pünktlich zu starten, sondern vor allem, pünktlich zu enden – auch als Zeichen des Respekts gegenüber den nachfolgenden Rednern und dem Publikum. Wie kannst du die Dauer deines

Vortrags realistisch berechnen? Die Faustregel: Rechne mit 100 Wörtern pro Redeminute.[58] Wenn du dich daran hältst, wirst du weder zu schnell noch zu langsam sprechen. Steuere die Zeit durch die Anzahl der Wörter, die du verwendest. Sprichst du in der Regel zu schnell, hilft dir die Faustregel, langsamer zu sprechen, und vice versa.

## Die Dauer wird unterschätzt

Die verfügbare Redezeit wird oft überschätzt. Der Auftritt auf der Bühne ist so schnell vorbei, vor allem, wenn man auch noch mit dem Publikum interagiert, was nicht ganz so gut zu kalkulieren ist. Wenn du zu viele Inhalte einplanst oder nicht auf die Zeit achtest, ist der Vortrag vielleicht vorbei, bevor du die Quintessenz kommuniziert hast. Im Worst Case sitzen die Zuhörer mit vielen offenen Fragen im Raum und können gar keinen Nutzen aus deinem Vortrag ziehen. Plane und nutze daher die Zeit sorgfältig.

Bei den in der Start-up-Szene beliebten Elevator Pitches ist die Zeit sehr begrenzt. Diese Firmenkurzpräsentationen dauern nur etwa 30 bis 90 Sekunden. Der Präsentator hat nur dieses kurze Zeitfenster, um seine Firma vorzustellen und die Botschaft zu transportieren. Kaum ist die Zeit vorbei, wird er wortwörtlich von der Bühne getragen. Wenn der Redner nicht auf die Zeit achtet, hat er möglicherweise ausgerechnet das Wesentliche nicht gesagt. Achte daher darauf, dass du deinen letzten Satz genau auf den Punkt beim Publikum platzierst.

Ja    Nein

☐   ☐   Ich bin rechtzeitig im Meeting- oder Vortragsraum.

☐   ☐   Ich habe die Inhalte so gewählt, dass ich mit der verfügbaren Zeit auskomme.

☐   ☐   Ich lerne Pitches, die maximal zwei Minuten dauern, auswendig.

(Du kannst den Pitch dadurch immer wieder üben, sodass er exakt der vorgegebenen Zeit entspricht. Bei 30 Sekunden Pitchdauer können ein bis zwei Sätze zu viel bereits wertvolle Sekunden kosten. 3 Sekunden bei 30 Sekunden Pitchdauer sind bereits 10 % deiner Redezeit!)

☐   ☐   Ich habe immer eine kürzere Variante meines Vortrags in petto.

## ÜBUNGEN

 **URLAUBSERLEBNIS**

Erzähle einem Kollegen das Wichtigste von deinem letzten Urlaub (oder einem anderen Ereignis) und versuche die abgemachte Zeit (z. B. drei Minuten) einzuhalten.

### ZEIT BEWUSST ERLEBEN

Angenommen, du möchtest so lange schlafen wie möglich, und gleichzeitig das Haus so früh wie nötig verlassen. Wie viel Zeit benötigst du? Beobachte die Zeit einmal bewusst und achte darauf, was in 30 oder 60 Minuten alles möglich ist.

## ZEITGEFÜHL BEKOMMEN

Achte darauf, wie lange du brauchst, um deinen Mitmenschen ein bestimmtes Thema zu kommunizieren. Das Thema kommt idealerweise in deiner Präsentation vor. Versuche, einmal weniger weit und einmal sehr weit auszuholen, und beobachte die Zeit.

 **Durch Struktur überzeugen**

Wir überzeugen mehr Menschen, wenn sie unserem Inhalt gut folgen können. Gehen Argumente und Geschichten kreuz und quer durcheinander, führt das nur zu Verwirrung. Je leichter verständlich unser Inhalt für das Publikum ist, desto besser kann es uns folgen. Einfachheit ist das Stichwort – einfach im Sinne von: logischer Aufbau mit klar erkennbarem roten Faden. Wie kann das konkret aussehen?

### Die Fünfsatz-Regel

Eine beliebte Kindershow macht es uns vor: »Ob ihr wirklich richtig steht, seht ihr, wenn das Licht angeht.« »1, 2 oder 3« ist die wohl berühmteste Kinderquizshow im deutschsprachigen Raum. Kinder bekommen eine Frage gestellt und drei mögliche Antworten präsentiert. Ein Beispiel:

| Einleitung | Warum wirkt das Gesicht im Alter länger? |
|---|---|
| 1 | Weil der Kiefer wächst. Er gleicht im Alter die schlechten Zähne aus und zieht das Gesicht in die Länge. |
| 2 | Weil im Alter die Muskeln schlaffer werden und nach unten hängen. |
| 3 | Weil man im Alter die Augen weiter aufreißt, um besser sehen zu können. Das Gesicht wirkt dadurch länger. |
| Abschluss | 1, 2 oder 3: Ob ihr wirklich richtig steht, seht ihr, wenn das Licht angeht. |

Fünfsatz-Regel bei »1, 2 oder 3«

Jedes Kind mit der richtigen Antwort bekommt einen Punkt für sein Team. In diesem Fall war es die Antwort Nummer 2.

Warum erwähne ich diese Kindershow? Sie ist eine perfekte Umsetzung des rhetorischen Fünfsatzes. Schon in der Antike wusste man, dass eine fünfteilige Struktur sehr gut vom Publikum aufgenommen werden kann. Heute sprechen wir in diesem Zusammenhang vom Fünfsatz – ein Terminus, der maßgeblich von dem Sprachwissenschaftler Hellmut Geißner geprägt wurde.[59] Die Struktur, die bei »1, 2 oder 3« verwendet wird, ist eine aufzählende Form in fünf Schritten (Einleitung + Hauptteil in drei Teilen + Abschluss).

### Der Primär- und Rezenzeffekt

Der Primäreffekt besagt, dass sich Menschen Informationen zu Beginn wesentlich länger merken als die nachfolgenden. Der Grund dafür: Die Erstinformation soll leichter ins Langzeitgedächtnis gelangen. Der Rezenzeffekt besagt hingegen, dass man sich an die letzte Information besser erinnern kann, da anschließend keine weiteren Informationen mehr aufgenommen werden müssen.

Zugegeben, die beiden Effekte wirken etwas gegensätzlich, dennoch sollte man sie nicht außer Acht lassen. Erzähle daher zu Beginn, was dir wichtig ist – zum Beispiel die Kernbotschaft –, und fasse am Ende deine Inhalte kurz zusammen.

### Die ABC-Struktur (aufsteigend)

Bei der Siegerehrung nach einem Wettkampf ist es meistens so: Der Beste wird erst ganz zum Schluss präsentiert. Warum? Damit die Spannung bis zum Schluss erhalten bleibt. Das Gleiche gilt auch für deinen Auftritt. Spannung ist ein Garant für Aufmerksamkeit. Um Spannung zu erzeugen, kommunizierst du das für dich Wichtigste am Ende des Hauptteils. So gelingt es dir, das Interesse deiner Zuhörer ganz auf dich und deine Präsentation zu lenken. Der letzte Aspekt deines Hauptteils bekommt in deiner Präsentation die höchste Priorität. Sehen wir uns dazu ein Beispiel an. Ein Gespräch unter Freunden:

| Einleitung | Vorige Woche sind wir aus Bali zurückgekommen. Es war der absolute Wahnsinn. |
|---|---|
| Gut | Unsere Unterkunft lag an einem Hügel. Wir hatten einen sehr schönen Ausblick und wenige Treppen führten direkt zum Strand. |
| Besser | Noch schöner waren die Sonnenuntergänge, die wir jeden Tag am Strand genießen konnten. |
| Am besten | Das absolute Highlight unseres Bali-Urlaubs waren die Gili-Inseln. Es war wie im Paradies. Ich denke dabei an die wunderschönen Tauchgänge, die wir dort durchgeführt haben. |
| Abschluss | Unser Fazit: Wir wollen schnellstmöglich wieder nach Südostasien. |

Das Beste kommt (fast) am Schluss.

Obwohl der Ausflug zu den Gili-Inseln vielleicht schon am Anfang der Reise stattgefunden hat, wird dieser Höhepunkt erst am Ende der Erzählung präsentiert.

Diese fünfteilige Struktur eignet sich übrigens auch ideal für einen gelungenen Ablauf der Bühnenpositionen. Zur Eröffnung stehe ich in der Mitte (1). Den ersten Teil führe ich auf der vom Zuschauerraum aus gesehen linken Seite der Bühne aus (2), den zweiten in der Mitte (3) und den dritten auf der rechten Seite der Bühne (4). Am Ende schließe ich wieder in der Mitte ab (5). Mehr über die perfekte Bühnenposition erfährst du im Schritt »Bühnenpositionen bestimmen«.

### Die chronologische Struktur

Diese Struktur basiert auf einer zeitlichen Abfolge: Vergangenes, Gegenwärtiges und Zukünftiges. Wenn du diesem dreiteiligen Hauptteil eine Eröffnung und einen Abschluss hinzufügst, erhältst du eine fünfteilige Struktur, die dem rhetorischen Fünfsatz ähnelt. Der klassische Fünfsatz hat diesen Ablauf:

- Einleiten und Informieren über die Ausgangslage bzw. die These
- Vorstellen einer Lösungsidee in drei Teilen inklusive einer Beurteilung und einer Begründung
- Auffordern zur Handlung bzw. Abgeben einer Handlungsempfehlung

Die chronologische Struktur beginnt bei der Vergangenheit und endet bei der Zukunft. Sie kann für einfache Erzählungen verwendet werden oder dem Aufbau eines Gesprächs dienen.

| Chronologie | Gesprächsführung | |
|---|---|---|
| **Einleitung** | Ausgangslage / These | Wir möchten heute verschiedene Maßnahmen besprechen, um unsere Mitgliederzahl im Verein zu erhöhen. |
| **Gut** | Analyse / Pro & Contra / Lösungsidee | Verschiedene Ideen zur Umsetzung standen zur Auswahl. Konkret handelte es sich dabei um (1) eine aktivere Pressearbeit und (2) einen Tag der offenen Tür. Wir haben (3) in Betracht gezogen, unsere inaktiven Mitglieder anzuschreiben. |
| **Besser** | Beurteilung / Entscheidung / Bewertung / Begründung | Für uns ist es am plausibelsten, einen Tag der offenen Tür zu organisieren. Mit dieser einen Aktion können wir die drei genannten Ideen auf einen Schlag verwirklichen. |
| **Am besten** | Lösung / Nutzen / nächste Schritte / Konsequenz | An diesem Tag können wir uns von unserer besten Seite zeigen. Wir können unsere Freunde und Kollegen einladen und vor allem Medienvertreter. |
| **Abschluss** | Handlungs-empfehlung / Handlungs-aufforderung | In der Vergangenheit haben sich diese Veranstaltungen als großer Erfolg erwiesen. Für die Führung des Organisationsteams suchen wir noch zwei Freiwillige. |

Fünfteilige chronologische Struktur

Auch Weihnachtsreden oder Ansprachen zum Jahreswechsel lassen sich hervorragend mithilfe dieser Struktur generieren. Die Struktur »gestern, heute, morgen« lässt sich leicht merken und immer wieder in Erinnerung rufen.

## Die Ich-Du-Wir-Struktur

Stelle dir folgende Fragen und gib die Antworten darauf jeweils im ersten, zweiten oder dritten Teil.

- Erster Teil (Ich): Wir wirkt sich eine Situation auf mich persönlich aus? Was habe ich dadurch gelernt? Wie ist meine Sichtweise zum Thema?
- Zweiter Teil (Du): Wie wirkt sich die Situation auf meine Geschäftspartner oder Kollegen bzw. mein Umfeld aus? Was hat der Kunde davon? Welche Meinung könnte er haben?
- Dritter Teil (Wir): Wie wirkt sich die Situation auf uns alle aus? Wohin könnte sie uns treiben? Was verändert sich dadurch?

## Die Struktur der Metapher

Jeden Tag prasseln unzählige Informationen auf uns ein. Wie soll man dann einer Präsentation folgen und sich die wesentlichen Inhalte merken, wenn der Vortrag wie so oft lediglich aus Fakten besteht? Meistens ist der komplette Inhalt bereits nach Minuten oder wenigen Stunden vergessen. Wenn du möchtest, dass sich dein Publikum Informationen länger merkt, empfehle ich dir, mit einer Metapher zu arbeiten. Dieses wichtige rhetorische Stilmittel hast du im Schritt »Befindlichkeit Teil 1: Die Kraft der Metapher« bereits kennengelernt. Dort haben wir uns angesehen, wie man die Metapher bezogen auf einzelne Argumente verwenden kann. Nun geht es darum, eine Metapher durch die ganze Präsentation hindurch zu nutzen. Das erleichtert es deinen Zuhörern, die wesentlichen Inhalte zu verstehen und sie sich zu merken – und das auf Dauer. Wir müssen uns Bereiche einer Metapher suchen, die wir auf Bereiche einer komplexeren Situation übertragen können. Dazu ein Beispiel:

Der Verkaufsexperte Jack Vincent vergleicht in seinem TEDx Talk »A Sale Is A Love Affair« einen Verkaufsprozess, der sich zu einer nachhaltigen B2B-Beziehung entwickelt, mit einer Liebesbeziehung.[60] Er fragt: »Was ist denn so falsch daran, Interesse zu wecken, Fragen zu stellen, zuzuhören und gemeinsam Probleme zu lösen? Das ist es, was gute Verkäufer machen – und natürlich auch gute Liebespartner.«

Eine Metapher bietet eine Struktur, die wir auf verschiedene Bereiche anwenden können. Hier habe ich die Struktur der Metapher »Verkaufsprozess als Liebesaffäre« aufgelistet:

| Der Verkaufsprozess als Liebesaffäre | |
|---|---|
| Anwendungsbereiche der Situation | Anwendungsbereiche der Metapher |
| Die Partnersuche ist ein komplexer Prozess. | Der Verkaufsprozess ist ein komplexer Prozess. |
| In der Zeit des Kennenlernens besteht die Angst, dass der potenzielle Partner uns zurückweist. | In der ersten Phase des Verkaufsprozesses besteht beim Verkäufer die Angst, dass es nicht zu einem Verkaufsabschluss kommt. |
| Der Partner schätzt die Einzigartigkeit seines Gegenübers. | Der Kunde erkennt die Einzigartigkeit des Produkts (USP – Alleinstellungsmerkmal). |
| Die Körpersprache sendet Signale der Verliebtheit. | Die Körpersprache sendet Signale des Kaufwunschs (Kaufsignale). |
| Aus einem einfachen Date wird ein engeres Verhältnis. | Der Verkaufskontakt wird zum qualitativ hochwertigen Interessenten (Qualified Lead). |
| Die erste gemeinsame Nacht | Der Verkaufsabschluss |
| Um die Liebe lebendig zu halten, bedarf es tagtäglicher Arbeit. | Um die Kundenbeziehung am Leben zu erhalten, bedarf es eines guten Kundenservices. |

Eine Metapher als roter Faden

Ich war neugierig und fragte Jack, wie lange man bis zum ersten Kuss warten sollte. Jack antwortete: »Je länger du mit dem ersten Kuss wartest, desto mehr kannst du falsch machen – außerdem siehst du dann sofort, ob sie an dir interessiert ist oder nicht.« Jack sieht hier auch Parallelen im Vertrieb: »Der erste Kuss bedeutet, dass aus einem ›Lead‹ ein ›Qualified Lead‹ wird.«

Um für deinen Auftritt die perfekte Metapher zu finden, wähle aus

1. Bereichen, die dich interessieren,
2. Situationen, die Gefühle erwecken,
3. Bereichen, die viele Parallelen zu deinem Thema haben, und
4. Bereichen, die dein Publikum erkennt und versteht.

Jack hat die perfekte Metapher gefunden.

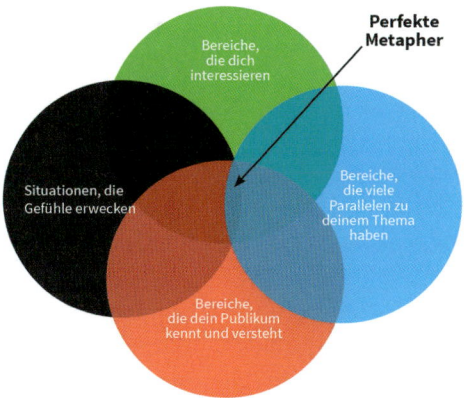

Die perfekte Metapher

Dazu ein Beispiel: Einer meiner Kunden ist verantwortlich für das Wertpapierleihgeschäft einer Bank. Sicherheiten spielen dabei eine wichtige Rolle. Der Gesetzgeber plante nun eine neue Richtlinie, die besagt, dass der Gläubiger erst 48 Stunden nach Bekanntgabe einer Unternehmenspleite die Sicherheiten veräußern darf (diese könnten dann aber beträchtlich an Wert verlieren).

Das Argument meines Kunden gegen diese Regelung war folgendes: Als Lehman Brothers 2008 pleiteging, boten sie zuvor noch erstklassige Sicherheiten plus Marge gegen Geld an. Niemand hat sich damals auf den Deal eingelassen, obwohl er sich, wie sich im Nachhinein herausgestellt hat, durchaus gelohnt hätte. Die neue Richtlinie mit ihrer 48-Stunden-Frist würde solch einen guten Deal allerdings quasi unmöglich machen.

Mit welcher Metapher könnte mein Kunde seine Einstellung gegenüber der geplanten Richtlinie nun gut beschreiben? Möglichkeit 1: »Es wäre wie ein Pflänzchen, das zu wachsen beginnt und dann niedergetreten wird.« Diese Metapher ist zu wenig konsistent, denn sie bietet zwei mögliche Ausgänge:

- Das Pflänzchen geht kaputt, folglich würde die Richtlinie alles kaputtmachen.
- Das Pflänzchen wächst weiter, als hätte es gar nichts mitbekommen.

Um Konsistenz herzustellen, müssen wir unsere Metapher etwas anpassen. Wir können dabei natürlich im Bereich der Botanik bleiben. Möglichkeit 2: »Betrachten wir die Wertpapierleihe wie einen Baum. Dieser ist herangewachsen und seine Äste müssen nun gestutzt werden. Schneidet man ihn falsch, wachsen die Äste jedoch nicht mehr nach, und so trägt auch der Baum bleibende Schäden davon. Er wird nicht mehr so wachsen wie vorher. Schneidet man ihn aber richtig, dann wächst er schöner und besser als vorher.«

Genau darum soll es gehen: Warum passt man das Gesetz nicht so an, dass wir zwei Fliegen mit einer Klappe schlagen können – also so, dass die Möglichkeit im Fall eines Konkurses des Unternehmens auch gut genutzt werden kann? Die Baummetapher ist absolut konsistent.

### Geht's auch kreativer?

Ich selbst spiele sehr gerne mit der Struktur. Mir macht es Spaß, neue Strukturen herzuleiten und auszuprobieren. Inspirieren lasse ich mich dabei entweder vom Thema selbst oder vom Kontext der Veranstaltung. Lasse deiner Kreativität freien Lauf! Wichtig: Die Struktur sollte in sich schlüssig und plausibel sein und immer einfach bleiben.

Bei einer meiner Geburtstagsansprachen wurde ich von der Mathematik inspiriert. An meinem 28. Geburtstag nutzte ich die Tatsache, dass 28 eine aus mathematischer Sicht vollkommene Zahl ist. Eine vollkommene Zahl ist die Summe aller ihrer Teiler, außer sich selbst:

- $28 / 1 = 28$
- $28 / 2 = 14$
- $28 / 4 = 7$
- $28 / 7 = 4$
- $28 / 14 = 2$
- $28 / 28 = 1$
- $1 + 2 + 4 + 7 + 14 = 28$

Ich strukturierte die Ansprache nach diesen Teilern:

- Teiler 1 – das absolut beste Jahr
- Teiler 2 – zwei Veränderungen
- Teiler 4 – vier Projekte
- Teiler 7 – sieben Hobbys
- Teiler 14 – die 14 besten Momente

Dabei konnte ich das Konzept der vollkommenen Zahl auch noch als Titel meiner Ansprache verwenden: »18: volljährig – 28: vollkommen.«

Gut, zugegeben, darauf kommen nur Freaks. Freaks sind jedoch begeistert von einer Sache, und das steckt letztlich auch an. Leidenschaft – das Thema hatten wir ja im Bereich Emotionen bereits. Lass dich von der Situation und dem Ereignistag zur Struktur deiner Präsentation inspirieren.

### Die Kettenglieder verbinden

Achte darauf, dass die Elemente der Präsentation so perfekt ineinandergreifen wie Zahnräder. Die einzelnen Teile sollten nicht für sich stehen, es braucht bewegliche Verbindungen zu den anderen Elementen der Präsentation – eine Art fließender Übergang. Auf diese Weise entsteht für den Zuhörer ein roter Faden. Und das hat auch für dich als Redner einen Vorteil: Je besser die einzelnen Teile der Präsentation verbunden sind, desto leichter kannst du dir deinen Inhalt merken und ihn deinem Publikum so vermitteln, dass es dir mühelos folgen kann.

Es gibt also gar keinen Grund mehr, Notizzettel zu verwenden, wenn du eine gute Struktur für deine Präsentation gefunden hast. Hier ein Bespiel, wie du elegant vom Thema »Start-ups« zum Thema »Weltmeister« wechseln kannst:

| A (Start-ups) | Beobachten wir nur die Player in der Branche »Mobile Fitness«. Vor fünf Jahren existierte die Branche quasi nicht, aber die Jungs von Runtastic haben es trotzdem gewagt. Heute sind sie der Big Player im Bereich Sportapplikationen. |
|---|---|
| B (Weltmeister) | Sportler sind sowieso der Inbegriff von Leidenschaft. Deutschland ist die Fußballnation Nr.1 – und wurde nicht ohne Grund 2014 Weltmeister. Dasselbe gilt für Österreich, die Skination. 2015 haben österreichische Sportler die zwei großen Kristallkugeln nach Hause geholt. |

Gelungener Übergang

Die Rede von Winston Churchill am 13. Mai 1940 im britischen Unterhaus ist für mich ein Paradebeispiel für perfekte Übergänge und eine gut durchdachte Struktur:

| Einleitung (Ausgangslage) | Ich sage es hier im Parlament, so wie ich es den Ministern gesagt habe, die in diese Regierung eingetreten sind. Ich habe nichts anzubieten, außer Blut, Mühen, Tränen und Schweiß. |
|---|---|
| | Wir stehen vor einer Feuerprobe der schmerzlichsten Art. Vor uns liegen viele, viele Monate des Kampfes und des Leidens. |
| Gestern (Lösungsidee) | Sie fragen, was ist unser Plan? Ich sage: Wir führen Krieg zu Lande, auf See und in der Luft. Krieg mit all unserer Macht und mit all unserer Stärke, die Gott uns gegeben hat. Wir führen Krieg gegen eine monströse Tyrannei, die unübertroffen ist im dunklen und beklagenswerten Katalog der menschlichen Verbrechen. Das ist unsere Politik. |
| Heute (Begründung) | Sie fragen, was ist unser Ziel? Ich kann das mit einem Wort beantworten: Sieg! Sieg, wie lange und schwer der Weg dorthin auch sein mag. Ohne Sieg gibt es kein Überleben. |
| Morgen (Konsequenz) | Lasst uns das klar erkennen. Es gibt kein Überleben für das britische Empire, kein Überleben für die Werte, für die das britische Empire immer gestanden hat. Kein Überleben für die Entwicklung, die die Menschheit seit ewigen Zeiten gemacht hat, und kein Voranschreiten zu diesem Ziel. |
| Abschluss (Handlungsaufforderung) | Ich übernehme meine Verantwortung mit Kraft und Hoffnung. Ich bin sicher, dass unsere Sache nicht scheitern wird. Ich fühle mich in diesem kritischen Augenblick berechtigt, die Unterstützung aller einzufordern: Kommt, lasst uns vorwärts schreiten, mit unserer vereinigten Stärke! |

Der Aufbau von Churchills Rede[61]

Analyse der Übergänge

- Ausgangslage / Lösungsidee: Die Ausgangslage wurde den Abgeordneten im britischen Unterhaus grob erklärt. Nun kann Churchill dazu übergehen, offene Fragen zu beantworten. »Sie fragen, was ist unser Plan?« leitet die Lösungsidee ein.
- Lösungsidee / Begründung: »Das ist unsere Politik« ist ein klarer Abschlusssatz. Danach folgt »Sie fragen …«. Hier nutzt Churchill das rhetorische Stilmittel der Anapher (zwei oder mehr Sätze, die mit derselben Wortgruppe beginnen) – die Lösungsidee begann ebenfalls mit »Sie fragen …«.
- Begründung / Konsequenz: »Lasst uns klar erkennen« leitet die Konsequenz ein.
- Konsequenz / Handlungsaufforderung: Churchill schließt mit der Aussage, selbst Verantwortung zu übernehmen, und der Handlungsaufforderung »Kommt, lasst uns vorwärts schreiten«.

Rhetorische Stilmittel eignen sich hervorragend zur Verkettung der verschiedenen Vortrags- bzw. Präsentationselemente und verleihen jedem Vortrag eine gewisse Würze. Im Anhang habe ich unter der Überschrift »Die zehn ›A‹ der Rhetorik« die wichtigsten Stilmittel zur Gestaltung einer Präsentation aufgelistet.

Wie groß sollen die einzelnen Kettenglieder der Präsentation sein? Jedes Element hat idealerweise die gleiche Länge.

| Einleitung | | 20 % |
|---|---|---|
| Hauptteil | A | 20 % |
| | B | 20 % |
| | C | 20 % |
| Abschluss | | 20 % |

Ideale Aufteilung einer Präsentation

Für den Hauptteil stehen insgesamt 60 Prozent zur Verfügung. Der Einleitung und dem Abschluss wird häufig zu wenig Zeit eingeräumt, sie sollten jedoch mindestens genauso lang sein wie die einzelnen Teile im Hauptpart. Warum? Der erste und der letzte Eindruck sind bleibend, das sollte man als Redner für sich nutzen. Hin und wieder höre ich den Einwand: »Ich kann doch nicht so lange einleiten. Irgendwann muss doch auch Inhalt kommen.« Dazu sage ich: Der Inhalt darf ab dem ersten Satz kommen! Das Gleiche gilt für den Abschluss.

## KONKRET

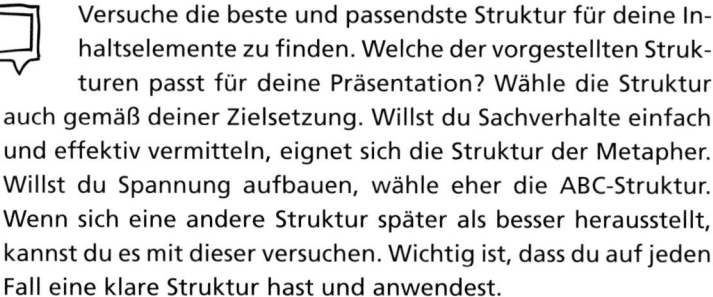

Versuche die beste und passendste Struktur für deine Inhaltselemente zu finden. Welche der vorgestellten Strukturen passt für deine Präsentation? Wähle die Struktur auch gemäß deiner Zielsetzung. Willst du Sachverhalte einfach und effektiv vermitteln, eignet sich die Struktur der Metapher. Willst du Spannung aufbauen, wähle eher die ABC-Struktur. Wenn sich eine andere Struktur später als besser herausstellt, kannst du es mit dieser versuchen. Wichtig ist, dass du auf jeden Fall eine klare Struktur hast und anwendest.

## ✓ CHECKLISTE

| Ja | Nein | |
|----|------|---|
| ☐ | ☐ | Hat meine Präsentation einen roten Faden? |
| ☐ | ☐ | Sind meine Übergänge fließend, aber klar erkennbar? |
| ☐ | ☐ | Habe ich eine klar erkennbare Struktur? |
| ☐ | ☐ | Stehen die einzelnen Elemente zueinander im richtigen Längenverhältnis? |

**BOTSCHAFT ERKENNEN**

## STRUKTUR ERKENNEN

Der Liedtext von »Ein ehrenwertes Haus« von Udo Jürgens lässt eine klare Struktur erkennen: eine Einleitung, eine Gliederung in drei Teile und einen Abschluss. In der Einleitung wird die Ist-Situation beschrieben. Zunächst geht es um die aktuelle Wohnsituation, anschließend wird auf das eigentliche Thema übergeleitet. Offenbar gibt es ein Problem, das aus diversen Gründen entstanden ist und nun gelöst werden soll. Der Hauptteil ist in drei Teile gegliedert. Getrennt sind die Teile durch das rhetorische Stilmittel der Epipher (d. h., am Satzende kommen immer wieder dieselben Worte vor).

1. Unterstreiche im Text die Epipher.
2. Markiere den Teil, der den Übergang zum ersten Hauptteil (A bzw. »Gestern«) darstellt.

---

*In diesem Mietshaus wohnen wir seit einem Jahr und sind hier wohlbekannt.*
*Doch stell dir vor, was ich soeben unter uns'rer Haustür fand.*
*Es ist ein Brief von unsern Nachbarn, darin steht, wir müssen raus!*
*Sie meinen, du und ich wir passen nicht in dieses ehrenwerte Haus.*

*Weil wir als Paar zusammenleben und noch immer ohne Trauschein sind,*
*hat man sich gestern hier getroffen und dann hat man abgestimmt.*
*Und die Gemeinschaft aller Mieter schreibt uns nun: »Zieh'n Sie hier aus!« (hey, hey, hey)*
*Denn eine wilde Ehe, das passt nicht in dieses ehrenwerte Haus.*

*Es haben alle unterschrieben; schau dir mal die lange Liste an:*
*Die Frau von nebenan, die ihre Lügen nie für sich behalten kann.*
*Und die vom Erdgeschoß, täglich spioniert sie jeden aus.*
*Auch dieser Kerl, der seine Tochter schlägt, spricht für dies' ehrenwerte Haus.*

---

*Und dann die Dicke, die den Hund verwöhnt, jedoch ihr eignes Kind vergisst.*

*Der Alte, der uns stets erklärt, was hier im Haus verboten ist.*

*Und der vom ersten Stock, er schaut die ganze Zeit zum Fenster raus.*

*(hey, hey, hey)*

*Und er zeigt jeden an, der mal falsch parkt, vor diesem ehrenwerten Haus.*

*Der graue Don Juan, der starrt dich jedes Mal im Aufzug schamlos an.*

*Die Witwe, die verhindert hat, dass hier ein Schwarzer einzieh'n kann.*

*Auch die von oben, wenn der Gasmann kommt, zieht sie den Schlafrock aus.*

*Sie alle schämen sich für uns, denn dies ist ja ein ehrenwertes Haus.*

*Wenn du mich fragst, diese Heuchelei halt' ich nicht länger aus.*

*Wir packen uns're sieben Sachen und zieh'n fort aus diesem ehren- werten Haus!*

Die Auflösung findest du in den Anmerkungen.[62]

## AUSWAHL DER STILMITTEL

Zwei Geschichten, die zunächst nichts miteinander zu tun haben, kann man geschickt über rhetorische Stilmittel kombinieren. Was haben eine Reise und ein Kussfestival mitein- ander zu tun? Nichts? Dennoch gibt es eine Verbindung. Die Stilmittel Anapher, rhetorische Frage und Zitat können sehr nützlich sein und beide Themen miteinander verbinden. Im Beispiel ergibt der Text noch keinen Sinn. Nun müssen die Stilmittel in die richtige Reihenfolge gebracht werden. Was denkst du: Welches Stilmittel kommt zuerst, welches folgt darauf und welches leitet ins nächste Thema ein? Trage die jeweilige Ordnungsnummer (1, 2 oder 3) in das graue Feld ein.

| A<br>(Reise) | Mein erster Backpacker-Urlaub war erst 2014. Ich wollte schon immer einmal als Backpacker durch die Welt reisen. Nie aber haben die Umstände gepasst. Bis ich spontan einen Flug nach Thailand gebucht habe. Zehn Tage später ging der Flug. Haben wirklich die Umstände nicht gepasst, oder muss man einfach starten? | |
|---|---|---|
| Übergang | Anapher<br>(gleiche Wörter am Satzanfang) | Weiterkommen bedeutet lernen, weiterkommen bedeutet wachsen, weiterkommen bedeutet leben. |
| | Rhetorische Frage<br>(öffnend) | Was wolltest du schon immer mal erleben? |
| | Zitat | Mark Twain sagte: »Das Geheimnis, weiterzukommen, ist zu starten.« |
| B<br>(Kussfestival) | Ein Kuss mit einem Fremden vielleicht? Im März 2014 organisierte ich das erste Fremd-Kuss-Festival der Schweiz. Ich wollte wissen, wie die Schweiz darauf reagiert. Bei diesem ersten Festival hatten wir mehr als 100 Besucher! Die Anzahl der Fremdküsse war enorm. | |

Die Auflösung findest du in den Anmerkungen.[63]

## Die Themen notieren

Nachdem du nun auch deine Nettozeit definiert hast, kann die Präsentation in Form gebracht werden. Dein Inhalt wird nun stichwortartig notiert – es geht dabei stets darum, mit sprachlicher Stärke zu punkten. Mithilfe von Speech Pad kann deine Botschaft innerhalb von 7 bis 20 Minuten Vortrag bereits auf den Punkt gebracht werden.

Würdest du den Inhalt ausformulieren, entsprächen fünf Minuten Redezeit bei 1,5-fachem Zeilenabstand einer knappen A4-Seite. Die meisten TEDx Talks dauern zwischen 15 und 20 Minuten und haben eine klar definierte Botschaft. TED steht für Technologie, Entertainment und Design und ist eine Plattform, auf der Unternehmer und Querdenker ihre Ideen teilen.

### Der Preis der Eloquenz

Den Vortrag komplett ausformulieren und dann auswendig lernen solltest du nur, wenn er extrem kurz ist. Planst du das bei einer langen Rede, solltest du als Unterstützung einen Regisseur und Schauspielcoach engagieren. Hier ein paar Probleme, die das Ausformulieren und Lernen mit sich bringt.

Zu Beginn meiner Rhetorikkarriere habe ich meine Vorträge Wort für Wort auswendig gelernt. Bei kurzen Vorträgen und für den damaligen Zweck funktionierte das ganz gut. Ich hielt die Vorträge meistens auf Englisch und konnte so auf einen viel breiteren Wortschatz zurückgreifen, da ich die Wörter vorab recherchiert hatte. Ein breiterer Wortschatz bedeutet automatisch mehr Eloquenz.

Diese Eloquenz hatte jedoch ihren Preis. Beim freien Sprechen konnte ich nicht mehr auf diesen breiten Wortschatz zurückgreifen. Man merkte also den Unterschied und erkannte deutlich: Das andere – der perfekt vorformulierte Vortrag – das war nicht ich! Der Preis, den ich für die Eloquenz gezahlt habe, war Authentizität. Auch meine Natürlichkeit ging verloren. Das zeigt sich insbesondere bei längeren Vorträgen. Es ist unmöglich, 2000 Worte innerhalb kurzer Zeit auswendig zu lernen. Wenn du eine Passage gut kannst, vergisst du eine andere. Und selbst wenn du eine Passage nicht vergisst, braucht dein Gehirn doch etwas Zeit, genau diesen Teil abzurufen. Und das merkt der Zuhörer. Es kommt zu ungewollten Pausen und Gesten der Unsicherheit an den falschen Stellen. Eloquenz ist ein Zeichen von Überzeugung, aber nur wenn sie nicht auf Kosten der Natürlichkeit geht!

Ich musste mir also etwas einfallen lassen. Ich versuchte weiterhin, meinen Text zu lernen, aber ohne den Anspruch, diesen eins zu eins wiedergeben zu können und den perfekten Vortrag hinzulegen. Ich war erstaunt, wie einfach und schnell ich mir den Inhalt merken konnte. Die durchdachte Struktur des Vortrags hat enorm dazu beigetragen. Sie schafft einen roten Faden. Das Lernen funktioniert wie bei der Assoziationskette im Gedächtnissport; man kommt so einfach von einem Punkt zum nächsten.

Dieser neue Ansatz hatte einige positive Auswirkungen. Nachdem ich meinen Perfektionsanspruch aufgegeben hatte, gewann ich genau deswegen an Natürlichkeit und Authentizität. Ich stellte fest: Perfekt sein ist unnatürlich! In unserem Privatleben sind wir auch nicht perfekt, wir haben Fehler, die uns ausmachen – und das macht uns authentisch! Ich denke an das »rollende R« oder gewisse Gesten, die zu uns gehören. Der Anspruch, perfekt zu sein, macht uns im Endeffekt nur nervös und wir wirken wie versteinert.

## Sprachfertigkeitsdiagramm

Sprachlich gut aufgestellt zu sein ist ein Zeichen von Eloquenz und stärkt die Überzeugungskraft. Das alltägliche Gespräch ist geprägt von Natürlichkeit. Dabei geben wir uns, wie wir sind. Auf der Bühne benötigen wir beides: Eloquenz und Natürlichkeit. Wir müssen unseren Auftritt also verinnerlichen!

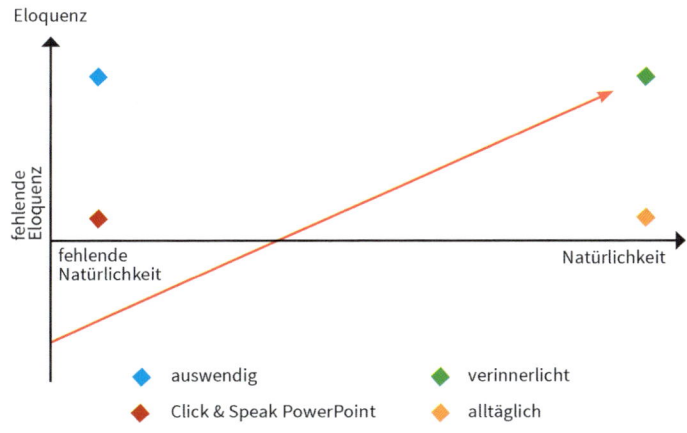

Das Spachfertigkeitsdiagramm

Ein Text, der gelesen werden soll, ist anders formuliert als die gesprochene Sprache. Ein Vortrag wird gehört und gesehen, nicht gelesen!

1. Beginne ganz von vorne. Schreibe deinen ersten Satz und leite dein Thema basierend auf der definierten Struktur sanft ein. Nutze die Struktur, füge die einzelnen rhetorischen Elemente ein und formuliere diese aus.
2. Um deine Gedanken auf die Bühne zu tragen, schreibe sie nieder – und zwar so, wie du sprichst. Übertrage deine Notizen, die du dir im Speech Pad gemacht hast, auf ein Post-it und klebe es in deine Struktur. Kurze, einfache und vor allem bildhafte Sätze sind gefragt und nicht lang ausgeführte Textpassagen.

3. Gestalte die Übergänge zwischen den Elementen, sodass diese fließen und nicht stocken. Achte auf das Verhältnis zwischen Eröffnung, Hauptteil und Abschluss.

Trage deinen Vortrag auf Basis der Notizen immer wieder laut vor, ohne ihn abzulesen. Wenn du selbst an bestimmten Stellen Schwierigkeiten hast, dir den Inhalt zu merken, wird es auch deinem Publikum schwerfallen. Daher besteht genau an diesen Stellen immer wieder Optimierungsbedarf. Übe so lange, bis du den gesamten Vortrag gleichmäßig souverän vortragen kannst.

### Das Parkinsonsche Gesetz

»Wie lange benötigen Sie noch?«
»6 Monate«
»Sie bekommen einen Monat.«

So oder ähnlich lief wohl das Gespräch ab, das der geniale Alan Turing damals mit seinen Auftraggebern geführt hat. Er hatte gerade mal einen Monat Zeit, um den Verschlüsselungscode der Nazis mit seiner speziellen Turing-Bombe zu knacken. Die Geschichte lehrt uns: Er hat es geschafft und damit den Zweiten Weltkrieg vermutlich um mindestens zwei Jahre verkürzt.

Das Parkinsonsche Gesetz besagt: Wir benötigen für eine Sache so lange, wie wir Zeit bekommen. Das gilt auch für Vorträge und Präsentationen. Bekommen wir eine Stunde Zeit, transportieren wir die Botschaft in einer Stunde, haben wir sieben Minuten Zeit, transportieren wir diese in sieben Minuten. Ich bin immer wieder verwundert, wie pünktlich Meetings enden, auch wenn viel Zeit mit der Vorbereitung verschwendet wurde. Meetings enden meistens punktgenau.

Je länger wir für etwas Zeit bekommen, desto weniger müssen wir uns in der Regel anstrengen. Das sah auch Mark Twain so: »I didn't have the time to write a short letter, so I wrote a long one instead.« Das heißt, grundsätzlich benötigen wir nicht so viel mehr Zeit für die Vorbereitung eines langen Vortrags. Letztlich werden bei längeren Vorträgen nur die Geschichten länger und detaillierter. Mehr Zeit zur

Vorbereitung birgt in gewisser Hinsicht auch die Gefahr, zu sehr um den heißen Brei herumzureden, also nicht mehr direkt auf den Punkt zu kommen. Versuche also, den Vortrag nicht künstlich in die Länge zu ziehen, und vermeide es, irrelevante Informationen einzubauen.

Verstößt der Vortragende gegen diese goldene Regel, bekommt man als Zuhörer meist eine kräftige Ladung Inhalt präsentiert und am Ende kommt die typische Q-&-A-Session. Noch Fragen? Keiner meldet sich. Warum nicht? Weil die Menschen verwirrt sind. Weil der Inhalt erst verdaut werden muss. Weil man es vielleicht auch selbst noch einmal nachlesen möchte. Es war einfach too much. Die Fragen kommen erst, wenn man sich im Selbststudium damit beschäftigt.

Mehr Inhalt in die Präsentation zu packen führt also nicht ans Ziel. Wenn ich mehr Zeit zur Verfügung habe, nutze ich diese gerne zur Interaktion mit dem Publikum. Ich bitte Freiwillige auf die Bühne und arbeite mit ihnen. In der Zeit, in der die Menschen miteinander interagieren, wird Gelerntes angewendet. Es ist außerdem fast unmöglich, einem einstündigen klassischen Vortrag die volle Aufmerksamkeit zu schenken, wenn dabei nicht auch interagiert wird. Eine gute Mischung aus Vortrag und Aktion ist daher empfehlenswert.

Wenn du zu viele Inhalte hast, könntest du diese auch in zwei separate Vorträge packen, die du nacheinander hältst. Du hast dann auch die Möglichkeit, eine weitere Botschaft zu platzieren. Stelle in diesem Fall sicher, dass die beiden Vorträge durch eine Einlage des Moderators deutlich voneinander getrennt sind.

Achte bei einer einstündigen Schulung darauf, dass du auf keinen Fall nur einen Monolog hältst – deine Inhalte können niemals von den Zuhörern über einen so langen Zeitraum hinweg aufgenommen werden. Baue lieber praktische Elemente in deine Schulung ein: Wenn du beispielsweise die Funktionsweise einer neuen Software erklärst, lasse die Anwender das Produkt live an einem Testcomputer ausprobieren und nachvollziehen, statt das Ganze mit Screenshots zu illustrieren. Schaffe für diese praktischen Elemente die nötigen technischen Voraussetzungen.

Male deine Struktur auf ein Flipchart oder ein großes Blatt Papier. Notiere die Überschriften der Themengebiete jeweils auf praktischen Haftzetteln. Klebe diese auf das Flipchart an die entsprechende Stelle deiner Präsentation.

# CHECKLISTE

Ja    Nein

☐    ☐    Ich verwende Haftzettel für die Überschriften.

☐    ☐    Ich notiere Stichworte statt Sätze.

☐    ☐    Ich habe alle Informationen, die ich für meine Präsentation benötige, notiert.

# ÜBUNGEN

 **ZUSAMMENFASSEN**

Für diese Übung eignen sich am besten kurze Zeitungsartikel. Versuche sie in wenigen Worten zusammenzufassen. Notiere alle Punkte stichwortartig, sodass du alles Wesentliche festhältst.

### ZUHÖREN

Höre dem interessanten und spannenden Vortrag eines guten Redners zu. Notiere dabei grob seine Inhaltselemente. Was sind seine Hauptpunkte? Bei einem 15-minütigen Vortrag kommst du schnell auf 10 bis 20 Punkte. Wie weit du die Hauptpunkte noch in Unterpunkte unterteilst, bleibt dir überlassen (auch bei deiner eigenen Präsentation).

# Durch Körpersprache punkten

*»Jede innere Bewegung, Gefühle, Emotionen, Wünsche
drücken sich durch unseren Körper aus.«*

SAMY MOLCHO[64]

Der eigene Körper spricht immer, denn Gesten, Mimik usw. sind das
Natürlichste der Welt und finden meistens unbewusst statt. Unsere
Körpersprache ist verantwortlich für die nonverbale Kommunikation.
Menschen entscheiden auch auf Grundlage der Körpersprache ihres
Gegenübers, ob sie die Person als kompetent einschätzen oder nicht.

Um authentisch zu sein, müssen wir auf der Bühne wir selbst bleiben. Wir sollten keine starre Choreografie einstudieren, wie es manche Coaches empfehlen – es ist wichtig, dass wir mit der uns eigenen
natürlichen Körpersprache punkten. Sie soll im Business genauso zur
Geltung kommen wie im täglichen Leben, wenn wir begeistert, trau-
rig, fröhlich, überzeugt oder niedergeschlagen sind und das über die
nonverbale Kommunikation zeigen. Auch aus diesem Grund ist es so
wichtig, eigene Geschichten in der Präsentation zu verwenden. Nur
diese kann man glaubwürdig, authentisch und mit der dazu passenden Körpersprache wiedergeben, wenn man die Geschichten erneut
durchlebt.

## Die Körpersprache bei Nervosität

Bist du vor und während der Präsentation nervös? Bleib einfach du
selbst, auch wenn das im ersten Moment schwierig zu sein scheint.
Problematisch wird es dann, wenn wir so nervös sind, dass wir auf der
Bühne wie versteinert oder extrem unsicher wirken – und da spielt
auch unsere Körpersprache eine große Rolle.

Zu große Nervosität signalisiert den Zuhörern unter Umständen,
dass du als Redner die Situation nicht unter Kontrolle hast und dein
eigenes Themengebiet nicht beherrschst. Nervosität hat vermutlich
jeder schon einmal erlebt. Am liebsten würden wir uns hinter dem
Rednerpult verstecken. Doch warum sind wir manchmal so gestresst?
Was ist die Ursache?

Auf der Bühne zu stehen ist vergleichbar mit einer Prüfungssituation. Alle Blicke sind auf uns gerichtet: Wir haben Angst zu scheitern. Wir möchten einen guten Eindruck bei unseren Kunden, dem Vorgesetzten oder ganz allgemein bei unserem Publikum hinterlassen. Interessant ist in diesem Zusammenhang, was sich in unserem Körper bei einer solchen Form der Anspannung abspielt.

Sobald der Zeitpunkt unseres Auftritts näherkommt, steigt der Stresspegel. Der Körper produziert dabei Cortisol. Ein kurzfristig erhöhter Cortisolspiegel steigert die körperliche Leistungskraft für den Fall, dass es zu echten Notsituationen kommt. In der frühen Geschichte der Menschheit war das auch lebensnotwendig, denn damit waren wir bereit zu Flucht oder Angriff. Die Gedächtnisleistung – den Neocortex – beeinflusst das jedoch nicht. Ganz im Gegenteil, diese sinkt sogar, wenn der Cortisolspiegel steigt, denn ursprünglich wurde die Gedächtnisleistung nicht zum Überleben benötigt. Das bedeutet aber auch, dass wir unsere natürlichen Bewegungen nicht mehr durchführen können, weil der Motorcortex, der für die motorischen Fähigkeiten verantwortlich ist, ein Teil des Neocortex ist. Und dieser wird, wie wir bereits wissen, im Stresszustand durch das Cortisol eingeschränkt. [65]

Wenn wir gestresst und nervös wirken (und auch unsere Körpersprache diese Signale sendet), werden unsere Glaubwürdigkeit und unsere Kompetenz schnell infrage gestellt. Die richtige Anwendung von Speech Pad hilft dir dabei, deine Souveränität wiederzugewinnen. Dann wirst du bald keinen Grund mehr haben, nervös zu sein.

### Körpersprache durch Metaphern verbessern

Beachte im folgenden Text die kursiv geschriebenen Wörter:
»In unserer Gesellschaft kommt ja das Gute von *oben*, fühlen wir uns manchmal *nieder*geschmettert und es gibt da manchmal auch noch Luft nach *oben*. Hin und wieder *steigt* der Preis und *fällt* die Kaufkraft. Dabei übersehen wir, dass wir bereits *hohe* Anerkennung genießen und einen *hohen* Status erreicht haben. Wir betrachten Dinge auf der richtigen *Ebene*. Aber vielleicht hätten wir uns die Ebene *darunter* zuerst ansehen sollen.«

Raummetaphern

Diese Raum- oder Orientierungsmetaphern – ein Begriff, der von George Lakoff und Mark Johnson geprägt wurde – sind in unserer Kultur in den täglichen Sprachgebrauch eingegangen. Wenn wir sie verwenden, bewegen sich unsere Hände unbewusst nach oben oder unten. Es ist wichtig, dass diese Bewegungen unbewusst bleiben. Eine bestimmte Körpersprache mit gezielt eingesetzten Gesten kann man nicht erzwingen, denn das wirkt unnatürlich.

Manche Begriffe sind per Definition nicht greifbar für uns. Auf manchen Begriffen kann man nicht sitzen wie auf einem Stuhl oder sie ansehen wie eine Blume. Ich denke an Begriffe wie Verantwortung, Maßnahmen, Aussagen usw. Wir machen sie aber trotzdem greifbar. Wir *tragen* Verantwortung, obwohl wir sie nicht mal *heben* können. Wir *ergreifen* Maßnahmen, obwohl wir sie nicht *in die Hand nehmen* können. Aussagen manövrieren uns *ins Abseits*, obwohl Aussagen nicht *Fußball spielen*. Krisen *fressen* unsere *Reserven* weg, obwohl sie kein *Maul* haben. Liebe ist *zerbrechlich*, obwohl sie kein *Werkstoff* ist. Der Handel *freut* sich über den Umsatz, obwohl er keine *Gefühle* empfinden kann. Wir sehen etwas *innerhalb* oder *außerhalb* unseres

Bereichs. Manche Dinge gehen einfach *daneben*, obwohl wir aus dem Vollen *geschöpft* haben.

All diese Bilder entstehen über Metaphern. Aus nicht greifbaren Begriffen werden Behälter, Objekte, Räume oder sogar Personen gemacht. Damit können wir uns einfacher, leichter und verständlicher ausdrücken. Das hilft uns aber auch ganz unbewusst in unserer Körpersprache. Ein solch behutsamer Ansatz kann sich sehr positiv auf unsere Gesten auswirken und uns beruhigen, ohne dass dies einstudiert wirkt.

## KONKRET

Verwende die Muster, die dir die Orientierungsmetaphern geben, öfters! Sprich von steigen, fallen, klettern, erklimmen, erhöhen, abheben, abstürzen usw. Gib den nicht greifbaren Begriffen, die du verwendest, eine Gestalt. Gib ihnen menschlichen Charakter, um so deine Körpersprache lebendiger zu gestalten. Mache Objekte aus den nicht greifbaren Begriffen. So kannst du bildlich wirklich *daneben* stehen oder nach etwas *greifen*.[66]

## ✔ CHECKLISTE

| Ja | Nein | |
|----|------|---|
| ☐ | ☐ | Ich achte bewusst auf meine Wortwahl, um mir Metaphern zunutze machen zu können. |
| ☐ | ☐ | Ich benutze Raum- bzw. Orientierungsmetaphern, um Dinge greifbarer zu machen. |

# ÜBUNGEN

 **METAPHERN UND KÖRPERSPRACHE**

**Schritt 1: Trage den folgenden Text mit Energie laut vor:**

»In unserer Gesellschaft kommt ja das Gute von *oben*, fühlen wir uns manchmal *nieder*geschmettert und gibt es manchmal auch noch Luft nach *oben*. Hin und wieder *steigt* der Preis und *fällt* die Kaufkraft. Dabei übersehen wir, dass wir bereits *hohe* Anerkennung genießen und die Zukunft noch *vor* uns liegt.

Wir sehen etwas *innerhalb* oder *außerhalb* unseres Bereichs. Manche Dinge gehen einfach *daneben*, obwohl wir sie auf der richtigen *Ebene* betrachtet haben. Vielleicht hätten wir uns die Ebene *darunter* zuerst ansehen sollen, bevor wir uns auf den nächsten Level begeben.

Wir *tragen* Verantwortung, obwohl man sie nicht mal *heben* kann, wir *ergreifen* Maßnahmen, obwohl man sie nicht *in die Hand nehmen* kann. Aussagen manövrieren uns *ins Abseits,* obwohl Aussagen nicht *Fußball spielen*.

Krisen *fressen* unsere *Reserven* weg, obwohl sie kein *Maul* haben. Liebe ist *zerbrechlich*, obwohl sie kein *Werkstoff* ist.«

**Schritt 2: Trage den Text erneut vor**

Versuche noch etwas mehr Energie hineinzubringen. Lege dabei deine Hände an die Beine und versuche, diese nicht zu bewegen. Merkst du, wie schwer das ist? Wie sehr unser Körper mit den Händen arbeiten will? Im Spiel »Rhetoric – The Public Speaking Game«[67] gibt es eine Übung, bei der wir etwas in kerzengerader Haltung vortragen sollen, ohne jeglichen Körpereinsatz. Dabei wird uns erst bewusst, wie aktiv wir beim Reden unsere Hände einsetzen.

### WELCHE GESCHICHTE IST WAHR?

Erzähle einem Bekannten drei Geschichten aus deinem Leben. Zwei davon sind wahr, eine ist frei erfunden. Es ist gar nicht so einfach, die erfundene Geschichte glaubwürdig zu erzählen, ohne dass der andere den Bluff bemerkt.

 **Inhalte polieren**

Als John Zimmer bei der Rhetorik-Europameisterschaft im Mai 2013 antrat, fragte ich ihn bei einem gemeinsamen Mittagessen: »John, was macht aus deiner Sicht einen guten Vortrag aus?« John verglich einen guten Redner mit einem Bildhauer. Es gehe nicht darum, Sätze hinzuzufügen, sondern im Gegenteil Sätze und Wörter wegzunehmen. Der Vortrag sei perfekt, wenn man nichts mehr entfernen könne. Das hat mich überzeugt.

In diesem Schritt geht es genau darum: Wir wollen Sätze und Wörter entfernen, ohne die unser Kunstwerk noch perfekter wird. Und wir wollen unsere Souveränität auch nach außen tragen.

*Ich könnte vielleicht ...*

Zunächst entfernen wir alle Unsicherheiten. Wenn wir uns auf eine Bühne stellen, bieten wir dem Publikum eine große Angriffsfläche. Kritische Menschen beschäftigen sich mit unseren Worten und unserer Argumentation. Es wird immer einige geben, die aus den verschiedensten Gründen nicht mit unserer Argumentation übereinstimmen. Wir haben Angst vor Kritik. Wir möchten uns nicht rechtfertigen müssen. Aus diesem Grund machen wir uns manchmal durch unsere Wortwahl kleiner, als wir sind. Wir thematisieren beispielsweise unaufgefordert, was wir können und was wir nicht können.

»Ich zeige euch heute, was ich weiß, aber ein Experte dafür bin ich nicht.« Unzählige Male hab ich das bereits gehört. Mit Sätzen wie diesen möchten wir die Angriffsfläche vermeintlicher Kritiker verkleinern, erreichen aber das Gegenteil. Wir möchten uns damit die

Option erhalten, dass wir auch etwas Falsches sagen könnten. Wir sind also nicht einmal überzeugt von uns selbst. Wir können aber andere Menschen nur dann überzeugen, wenn wir von uns selbst überzeugt sind. Warum sollten uns Menschen Glauben schenken, wenn wir das nicht einmal selbst tun? Wir haben unsere Quellen auf Glaubwürdigkeit überprüft. Wir haben uns Gedanken über die Wahrheit der Prämissen gemacht – warum sollten wir also noch unsicher sein? Um unsere Botschaft überzeugend anzubringen, müssen wir alle Wörter entfernen, die Unsicherheit transportieren. Dafür gibt es einige klare Regeln.

- Verkleinerungsform: Streiche alle Wörter, die etwas verkleinern. »Unsere kleine Firma« wird zu »Unsere Firma«. Warum müssen wir uns selbst verkleinern? Um uns die Option offenzuhalten, wir könnten etwas nicht, weil wir zu klein sind? Weg mit dem Wort!
- Unsicherheiten: Entferne / meide alle Formulierungen, die dein Argument schwächen. »Eigentlich können wir« wird zu »Wir können«. »Vielleicht hilft Ihnen das weiter« wird zu »Das hilft Ihnen weiter«. Weg mit diesen Wörtern. Wir sind sicher, dass unser Ansatz funktioniert, ansonsten würden wir ihn ja nicht präsentieren. Unsicherheiten sind niemals glaubwürdig! Streiche auch Wörter wie »etwas« und »irgendwie«.
- Konjunktive: »Ich könnte« wird zu »Ich kann«. »Wir würden« wird zu »Wir werden«. »Ich wollte« wird zu »Ich will«. »Sie wäre« wird zu »Sie ist« usw. Konjunktive suggerieren dem Zuhörer, dass etwas vielleicht doch nicht klappt. Das wird niemanden überzeugen. Eine gut platzierte Botschaft hat klare Ansätze. Optionen, die andeuten, dass etwas nicht funktioniert, sind fehl am Platz. Ändere daher Konjunktive in Indikative um.

### Einfach Eichhörnchen sein

Ich bin ein großer Fan von Improvisationstheater. Es lebt von frei erfundenen Geschichten. Ich bin immer wieder erstaunt, wie glaubwürdig diese Geschichten wirken. Menschen werden zu Eichhörnchen, und würde die Optik noch stimmen, wären wir vollends überzeugt, dass es sich um Eichhörnchen handelt. Das Improvisationstheater lebt von diesen Geschichten. Es gibt niemanden, der das Eichhörnchen auf der Bühne infrage stellt. Man darf einfach Eichhörnchen sein und muss sich keine Gedanken darüber machen.

Im echten Leben und vor allem im Job sieht das leider ganz anders aus. Jedes Wort wird auf die Goldwaage gelegt. Am schlimmsten ist unsere eigene innere Stimme, die beständig fragt: »Ist das auch richtig, was ich mache oder sage?« Wer diese Frage nicht eindeutig mit Ja beantworten kann, trägt diese Unsicherheit nach außen, mittels zögerlicher Gesten oder Formulierungen oder einer zu zurückhaltenden Stimme.

Nur zur Erinnerung: Du hast deine Argumentation darauf aufgebaut, dass sie wahr ist. Das solltest du auch nach außen vermitteln. An dieser Stelle können wir viel vom Improvisationstheater lernen!

### Stört noch etwas?

Nun ist es Zeit für den ersten Testlauf. Trage die Präsentation basierend auf deinen Notizen vor. Du brauchst dafür noch kein Publikum. Such dir einen ruhigen Ort und gehe die Präsentation so durch, als würdest du sie live präsentieren. Nimm deine Notizen zu Hilfe, denn während des Vortragens wirst du merken, welche Formulierungen und Worte dich noch stören. Deine Präsentation gewinnt zusätzlich an Klarheit, wenn du Sätze vereinfachst. Versuche sie entweder umzuformulieren, an einer anderen Stelle zu positionieren oder sie ganz zu entfernen. Entferne Sätze, die keinen Mehrwert bringen oder eher Unklarheiten hervorrufen, sowie Sätze, die keine Relevanz für die Botschaft haben.

Mir fällt in diesem Zusammenhang der Begriff »Leverage« ein. Er bedeutet: Wir können wesentlich mehr erreichen, wenn es uns gelingt, den einen wichtigen Hebel zu setzen. In der Physik meint das die richtige mechanische Übersetzung und beim Auftritt den richtigen Einsatz der Wörter. Diesen Effekt erreicht man zum Beispiel dadurch, dass einige Wörter durch andere ersetzt werden.

- Ja, aber? Ja, und! »Wir haben verkauft, aber in zwei Wochen wird bezahlt« wird zu »Wir haben verkauft und in zwei Wochen wird bereits bezahlt!« »Aber« ist die Höflichkeitsform von »Nein«. Das Wort »aber« schwächt alles in diesem Zusammenhang zuvor Gesagte. Ersetzt man nun »aber« durch »und«, wird das zuvor Gesagte verstärkt; gleichzeitig wird es positiv formuliert.
- Froh oder stolz? »Ich bin froh« wird zu »Ich bin stolz«. »Die Kaffeemaschine ist brauchbar« wird zu »Die Kaffeemaschine ist hervorragend«. »Mir geht es gut« wird zu »Mir geht es blendend«. Alleine durch das Auswechseln eines Wortes erzielst du eine viel stärkere Wirkung. Suche in deinem Vortrag oder den Notizen Worte, die du durch stärkere ersetzen kannst. Achte aber darauf, dass die Aussage auch der Wahrheit entspricht, nur dann kannst du sie authentisch vermitteln.

## KONKRET

An dieser Stelle darfst du deine kritischen Stimmen in den Feierabend schicken. Bis hierhin haben sie ihren Zweck erfüllt. Wenn wir auf sie gehört haben, verfügen wir mittlerweile über stringente Argumente, glaubwürdige Geschichten und sehr guten Inhalt. Die Stimmen der Kritik und Unsicherheit tragen nun nicht mehr zu einem guten Vortrag bei. Entferne Elemente der Unsicherheit aus deiner Präsentation.

| Ja | Nein | |
|---|---|---|
| ☐ | ☐ | Kann ich mich glaubwürdig in die Geschichten hineinversetzen? |
| ☐ | ☐ | Habe ich die Geschichten selbst erlebt? |
| ☐ | ☐ | Habe ich meine innere kritische Stimme wirklich überzeugt? |
| ☐ | ☐ | Bin ich selbst davon überzeugt, meine Kritiker überzeugen zu können? |
| ☐ | ☐ | Basieren meine Argumente auf glaubhaften Quellen? |
| ☐ | ☐ | Sind die Prämissen für mein Publikum wahr? |

## ÜBUNGEN

### DIE KUNST DER IMPROVISATION

Improvisationstheater besteht aus Behauptungen. Das Interessante daran: Wir stellen Behauptungen auf und niemand stellt sie infrage. Man erzählt sich Geschichten und jeder hat Spaß daran. Die Übung funktioniert gut zu dritt: zwei Geschichtenerzähler und ein Zuhörer. Die beiden Geschichtenerzähler unterhalten sich zum Beispiel über ihren fiktiven letzten Urlaub und spinnen die Geschichte immer weiter. In etwa so:

**ERSTER ERZÄHLER:** Erinnerst du dich noch an unseren Urlaub in Italien?

**ZWEITER ERZÄHLER:** Klar, das war doch der Urlaub, in dem du Martha kennengelernt hast.

**ERSTER ERZÄHLER:** Ja genau, in dieser Bar am Strand … usw.

Denk dir eigene Geschichten aus und lass deiner Fantasie freien Lauf.

## AUF DIE WORTWAHL ACHTEN

Achte bei nächster Gelegenheit bewusst auf die Wortwahl deines Gesprächspartners. Wie oft verwendet er Wörter wie »eigentlich«, »sollte«, »aber« usw.? Fällt dir das bei dir selbst auch auf?

 ## Bühnenpositionen bestimmen

Als Österreicher dürfte ich ja über Fußball eigentlich gar nicht viel sagen … Ich verstehe nicht sehr viel davon, aber das Wenige, das ich weiß, lässt einige Parallelen zur Kunst des gelungenen Vortrags erkennen. Hier kommen die Fußball-Basics:

- Das Spiel startet mit dem Anpfiff.
- Der Ball muss ins Tor.
- Die Spieleraufstellung entscheidet über den Verlauf des Spiels.
- Stehen Spieler im Abseits, zählt ein geschossenes Tor nicht.

Der Ball muss im Spiel einfach nur ins Tor geschossen werden. Die Spieleraufstellung und die Startpositionen sind dabei von strategischer Bedeutung. Wie kann der Trainer die verschiedenen Stärken der Spieler optimal einsetzen, um das Spiel zu gewinnen? Positioniert er den Spieler rechts oder links außen? Kann sich der Spieler im Mittelfeld oder im Sturm am besten entfalten? Fußball und der perfekte Vortrag haben einiges gemeinsam:

- Beginne erst, wenn du deine Startposition eingenommen hast (Anpfiff).
- Die Botschaft muss beim Publikum ankommen (der Ball muss ins Tor).
- Wo und wie du auf der Bühne stehst, entscheidet darüber, wie gut du ankommst (Spieleraufstellung).

*Die Bühne ist dein Spielfeld*

■ Bevor das Spiel angepfiffen wird, stellen sich die Spieler an ihre Startpositionen. Kennst du deine Startposition? Starte deine Präsentation in der Mitte der Bühne. Verstecke dich nicht hinter Tisch oder Rednerpult – sei präsent! Warte auf den Anpfiff. Du wirst ihn zwar nicht hören, aber du wirst merken, wann es Zeit ist loszulegen. Nimm den Raum mit deiner ganzen Präsenz ein. Erst wenn die Zuhörer bemerkt haben, dass sie etwas Großartiges erwartet, und sie dir die volle Aufmerksamkeit schenken, ist für dich der tatsächliche Anpfiff.

■ Nun liegt es an dir, den Ball ins Tor zu schießen. Du bist perfekt vorbereitet, aber auch eine perfekt vorbereitete Mannschaft kann ein Spiel verlieren. Nun bist du in der Wettbewerbssituation, in der die Verhältnisse anders sind. Lass dich davon nicht unterkriegen. Du hast viele gute Spieler (Argumente, Geschichten, Rhetorikelemente), die dir helfen, den Ball ins Tor zu schießen.

■ Nachdem du deinen Vortrag eingeleitet hast, gehst du zum ersten Teil des Hauptteils über. Wer ist das? Dein linker Außenspieler? Dann positioniere dich auf der linken Bühnenseite. Du solltest während des Positionswechsels nicht sprechen, damit das Publikum die Struktur und die Übergänge besser wahrnimmt (siehe dazu auch den Schritt »Durch Struktur überzeugen«).

■ Wenn du den Ball wieder einmal zurückpasst, achte darauf, wo der jeweilige Spieler gestanden hat, und zeige auf diese Stelle (siehe dazu »Der Hologrammpass« am Ende dieses Schrittes).

■ Stelle dich nicht ins Abseits. Die Abseitsregel im Fußball dient dem fairen Spielverhalten. Spieler sollen sich nicht einfach hinter dem Gegner positionieren und warten, bis der Ball zugepasst wird. Das ist teilnahmslos. Genauso teilnahmslos wäre es, dem Publikum den Rücken zuzudrehen, um von den Folien abzulesen – oder sich mitten ins Licht des Beamers zu stellen. (Für den Fall, dass sich das in dem Raum nicht vermeiden lässt, habe ich in der Checkliste »Fragen an den Veranstalter« im Anhang erklärt, wie du damit am besten umgehst.)

■ Es gibt auch andere Positionen auf der Bühne, die du nicht einnehmen solltest. Die Bühne ist dein Spielfeld und sollte entsprechend markiert sein. Wie sieht deine Spielfeldmarkierung aus? Wo sind deine Seitenlinien? Wo ist deine Torlinie? Sobald dich einer deiner Zuhörer nicht mehr gut sehen kann, hast du die Seitenlinie überschritten. Mache dir vorab ein Bild, wo diese unsichtbaren Linien sind. Die Torlinie ist an der Stelle, wo die offizielle Bühne aufhört. Wenn sie nicht klar erkennbar ist, überlege dir, wie weit du nach vorne gehen kannst, ohne jemandem im Publikum zu nahe zu kommen.

## Taktische Passvarianten

Den Ball zum nächsten Spieler zu spielen ist nicht schwer. Es kommt auf das richtige Timing an. Der richtige Moment ist da, wenn du das Thema wechselst oder zum nächsten Rhetorikelement gelangst. Doch was ist der Unterschied zwischen einem normalen und einem Traumpass? Mit welchen Techniken lässt sich möglichst viel herausholen?

### DER GESCHICHTENPASS

»Am Morgen vor drei Jahren war Lara auf dem Weg zur Schule. Ein Auto fuhr mit überhöhter Geschwindigkeit. Ein Moment der Unachtsamkeit! Leben ändern sich innerhalb von Sekunden. Das Auto erfasste das Mädchen und schleifte es 40 Meter mit. Es blieb regungslos liegen.«

Ich erzählte diese Geschichte als Beispiel dafür, wie schnell sich das Leben – hier das Leben von Laras Eltern und das des Autofahrers – verändern kann. Diese tragische Geschichte ereignete sich vor einigen Jahren in meiner unmittelbaren Nähe. Während des Halbsatzes »schleifte es 40 Meter mit« bewegte ich mich auf der Bühne von links nach rechts. Als ich dann bei dem Satz »Es blieb regungslos liegen« auf eine Stelle am Boden zeigte, merkte ich, wie nah diese Geschichte den Zuhörern ging. Es war, als seien sie gerade Zeugen des Unfalls.

Geschichten wie diese zeigen uns, dass unser Leben am seidenen Faden hängt. Sie zeigen uns, dass wir unser Leben im Hier und Jetzt genießen müssen. Genau dafür nutzte ich diese Geschichte. Ich leitete damit einen neuen Redeabschnitt ein und konnte bei den »40 Metern« die Position auf der Bühne wechseln.

## DER ANALOGIEPASS

»Paul begleitete mich zum Wasserskifahren. Es war sein erster Versuch. Er ging an den Start, nahm die Hantel – und ich übertreibe nicht: Es sah aus, als würde man Blechdosen hinter einem Hochzeitsauto herziehen. Den Skier hatte er längst verloren und ebenso seine Badehose. Er war nackt wie ein Neugeborenes.«

Mit der Geschichte zeigte ich, dass man ins Wasser fallen und sich bloßstellen kann, wenn man etwas Neues versucht. Aber: Es passiert nichts Schlimmes dabei! Ich nutzte das Hochzeitsauto als Analogie: Um das deutlich zu machen, zog ich während des Satzes (»als würde man Blechdosen hinter einem Hochzeitsauto herziehen«) an unsichtbaren Dosen und bewegte mich auf der Bühne von links nach rechts. Damit konnte sich das Publikum die Situation auch bildlich vorstellen. Danach leitete ich einen neuen Redeteil ein.

## DER HOLOGRAMMPASS

»Zurück zu dem verunglückten Mädchen.« Am Ende meiner Seitwärtsbewegung zeigte ich auf die Stelle am Boden. Jeder sah das Mädchen dort liegen. Während des gesamten Vortrags merkte sich das Publikum, an welcher Stelle das Mädchen lag. Wenn man von verschiedenen Positionen aus auf diese Stelle zeigt, kann man wirkungsvoll auf diese Geschichte verweisen. Es ist wichtig, Hologramme nicht zu verwässern, indem man beispielsweise andere Geschichten oder Hologramme an den entsprechenden Stellen positioniert. Stell dich auch selbst nicht dorthin; für dein Publikum und dich ist diese Stelle ja bereits besetzt – zumindest solange deine Präsentation dauert.

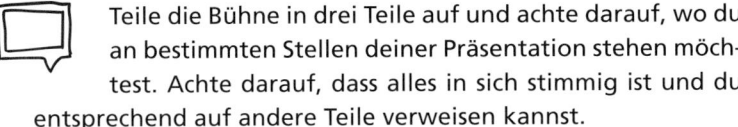

Teile die Bühne in drei Teile auf und achte darauf, wo du an bestimmten Stellen deiner Präsentation stehen möchtest. Achte darauf, dass alles in sich stimmig ist und du entsprechend auf andere Teile verweisen kannst.

## Bühne

Mögliche Bühnenpositionen

Ich empfehle Seitwärtsbewegungen, ob von links nach rechts oder von rechts nach links, das ist im Grunde egal. Das Publikum kann diese seitlichen Bewegungen klar erkennen. Bewegungen vor und zurück sind eher ungeeignet, denn du wirkst bei einer Rückwärtsbewegung kleiner als zuvor und der Positionsunterschied ist nicht klar erkennbar. Wenn du während deines Auftritts gefilmt wirst, muss das Objektiv beim Hin- und Zurückgehen neu fokussieren, damit du wieder scharf im Bild erscheinst. Konzentriere dich also auf Seitwärtsbewegungen.

Ich versuche mich gegen Ende des Vortrags wieder an die Ausgangsposition in der Mitte zu stellen. So wird auch dem Publikum klar, dass die Präsentation bald zu Ende ist.

## ☑ CHECKLISTE

| Ja | Nein | |
|----|------|---|
| ☐ | ☐ | Ich kenne die Bühne und habe meine Seiten- und Torlinien abgegrenzt. |
| ☐ | ☐ | Ich stehe weder hinter einem Tisch noch hinter einem Pult. Es gibt keine Barriere zwischen mir und meinem Publikum. |
| ☐ | ☐ | Ich weiß, wie ich ein Hologramm in meiner Präsentation verwenden und nutzen kann. |
| ☐ | ☐ | Ich habe einen oder zwei »Traumpässe« zum Übergang der Redeelemente parat. |
| ☐ | ☐ | Ich zeige Präsenz. |
| ☐ | ☐ | Ich kann mich auf der Bühne bewegen, ohne im Licht stehen zu müssen. |
| ☐ | ☐ | Falls nein: Kann ich die Position des Projektors oder der Leinwand so verändern, dass das nicht mehr der Fall ist? |

Falls auch das nicht geht:
Arbeite mit schwarzen Folien. Blende Folien mit schwarzem Hintergrund ein. Du kannst dich in die Mitte stellen, sobald die Folie schwarz ist. Stelle dich rechts oder links, sofern du im Bild stehen möchtest. Falls du am Rand ebenfalls im Licht des Projektors stehst, überlege dir, ob du deinen Auftritt auch ohne Projektor durchführen und beispielsweise ein Flipchart verwenden kannst.

## PRÄSENZÜBUNG

Versuche deine Präsenz zu stärken. Suche dir eine Fläche und definiere, in welcher Richtung das Publikum sitzen könnte. Stelle dir das Publikum vor. Übe den Moment, in dem du die Bühne betrittst, und stell dich an deine Startposition mit Blick zum Publikum. Halte einen Moment inne, blicke jeden im Publikum an und atme tief durch. Sobald du den geeigneten Startmoment gefunden hast, beginne mit dem ersten Satz. Wiederhole diese Übung, bis du findest, dass dieser Start dem Publikum dauerhaft in Erinnerung bleiben wird.

## HOLOGRAMMÜBUNG

- Stelle dich in die Mitte eines Raums. Bestimme die Richtung, aus der das Publikum dich anblicken könnte, und wähle einen Gegenstand, der sich im Raum befindet.
- In dieser Übung kommt es vor allem auf deine Kreativität an. Nichts ist zu blöd und alles ist erlaubt. Zeige in der Übung auf den Gegenstand und versuche auf ihn zu verweisen.
- Beantworte folgende Frage in einer ein- bis zweiminütigen Präsentation: Inwiefern beeinflusst dieser Gegenstand dein Leben?

Ein Beispiel: Im Badezimmer, ich wähle den Rasierapparat

| | | |
|---|---|---|
| **Eröffnung** | Es war im Supermarkt. Wir begegneten uns auf Augenhöhe. Er blickte mich an und wir wussten, wir würden uns brauchen. Wahrhaben wollte ich es aber nicht. | Ich stehe in der Mitte der unsichtbaren Bühne. Ich blicke nach rechts, als würde ich gerade jemandem in die Augen sehen, der neben mir steht. |
| **A** | Zu Hause angekommen testete ich ihn. Erst Batterie einlegen, wohlgemerkt, damit habe ich nicht gerechnet, und los ging's. Er glitt über mein Gesicht und entfernte alle Bartstoppeln mühelos. | Ich gehe einen Schritt nach links (linke Bühnenposition). |

| | | |
|---|---|---|
| **B** | Wir sahen uns zwei Wochen nicht mehr. Er verschwand im Schrank und meldete sich nicht mehr zu Wort. Als ich ihn wiedersah, war er sichtlich verärgert. Er zeigte mir das auch, indem er mir beim Rasieren erstmals Schmerzen zufügte. | Ich wechsele zurück zur Mitte. Der virtuelle Rasierer steht, wie ein Mensch, noch immer neben mir. Ich drehe ihm den Rücken zu (wir sehen uns ja nicht mehr). Ich drehe mich wieder zurück (ich sehe ihn wieder). |
| **C** | Ja, er war sichtlich enttäuscht. Ich habe das Gefühl, wenn ich ihn öfter verwende, fügt er mir diese Schmerzen nicht zu. | Schritt nach rechts. Blick auf den Rasierer, wenn ich über ihn spreche. |
| **Schluss** | Bereiten längere Barthaare bei der Rasur einfach mehr Schmerzen? Oder will er sich nur für mein ignorantes Verhalten rächen? | Schritt in die Mitte. Blick auf den Rasierer, wenn ich über ihn spreche. |

 ## Visuelle Hilfsmittel festlegen

*»Menschen, die wissen, wovon sie reden, brauchen Power-Point nicht.«*

STEVE JOBS [68]

In den vorigen Kapiteln haben wir das Thema visuelle Hilfsmittel bereits angeschnitten und uns vor allem damit beschäftigt, wie Präsentationstools möglichst nicht eingesetzt werden sollten. Das Zitat von Steve Jobs untermauert diese Haltung. Dabei stellt sich natürlich die Frage, warum der Apple-Gründer selbst Präsentationssoftware bei seinen Produktvorstellungen verwendet hat. Wusste er etwa nicht, wovon er spricht? Doch. Er wusste genau, wovon er spricht. Wir dürfen nur einfach nicht von Folien abhängig werden, sondern sollten sie lediglich als Unterstützung verwenden. Im Folgenden zeige ich dir sehr gute Alternativen zur Visualisierung durch Folien und gebe Tipps für deren richtigen und effektiven Einsatz. Bislang gab es nur den Zuhörer im Publikum. Durch die Verwendung von visuellen Hilfsmitteln gibt es auch einen Zuschauer.

## Wie Bilder von einem Kopf in den anderen gelangen

Visuelle Hilfsmittel unterstützen uns dabei, die Bilder von unserem eigenen Kopf in den Kopf des Zuschauers zu transportieren. Mit Sprache stößt man schon mal an seine Grenzen. Mir geht es zumindest so, wenn ich beispielsweise beim Friseur den von mir gewünschten Haarschnitt erklären muss: »Oben etwas länger, etwa fingerbreit und seitlich kurz.« Für mich ist klar, wie das aussehen soll; mir fehlt jedoch die nötige Fachsprache, um das auch meinem Friseur adäquat zu erklären. Über Jahre blieb meine Beschreibung gleich und ich bekam trotzdem immer wieder unterschiedliche Haarschnitte präsentiert. Das Ergebnis variierte von »So habe ich mir das nicht vorgestellt« bis »Wow, das ist besser als erwartet«. Ersteres war leider öfter der Fall. Irgendwann kam ich auf die glorreiche Idee, mit einem Bild zu antworten. In der Selfie-Zeit ist das ja kein Problem mehr. Nun lautet mein Wunsch an den Friseur: »Genauso wie auf dem Bild.« Und seitdem ist Ruhe.

Bilder sind ein einfaches Mittel, um genaue Vorstellungen zu vermitteln. Wir können es wunderbar nutzen, wenn wir mit Sprache an unsere Grenzen stoßen. Sieh deine Notizen auf Passagen hin durch, die du mit Bildern viel einfacher ausdrücken kannst.

## Vorstellung: Realität oder Fantasie?

Wenn wir unsere Geschichte erzählen, müssen wir sie nochmals erleben. Es gibt Bilder in unserem Kopf, an denen wir unsere Zuhörer teilhaben lassen müssen. Dabei bewegen wir uns in der Fantasiewelt des Zuhörers und können dadurch bestimmte Emotionen erzeugen. Was aber ist, wenn die Realität die Vorstellungskraft übersteigt? Was ist, wenn wir einfach konkreter werden wollen oder müssen?

### BILDER

Gewisse Dinge möchte man nicht nur bei der Vorstellung belassen, sondern konkretisieren: »Sie sah aus wie Keira Knightley.« Es ist etwas anderes, sich diese Schauspielerin nur vorzustellen, oder wirklich zu wissen, wie die Person aussieht. Wenn es nur um die Schönheit dieser Frau geht, reicht der Vergleich aus. Wenn es um mehr geht – wenn die Person eine zentrale Rolle spielt –, sollte man sie sehen, indem man ein Bild oder ein Video zeigt. Noch besser (aber nicht immer machbar): indem die anwesende Person aufsteht und sich vorstellt.

Das trifft aber nicht nur auf Personen zu, sondern auch auf Gegenstände oder Gebäude, also Objekte. Wenn ein Objekt im Mittelpunkt steht und nicht nur eine seiner Eigenschaften, bietet es sich an, dieses zu visualisieren.

Ein Beispiel: Ich stand auf dem roten Platz in Moskau. Ich kannte ungefähr die Geschichte dieses Platzes und konnte die Macht, die von dort ausgegangen ist, spüren. Ich konnte mir aber den Platz nicht konkret in der Vergangenheit vorstellen. Wie es der Zufall wollte, war im Einkaufszentrum »GUM« am Roten Platz gerade eine Fotoausstellung zu sehen. Das Bild »Roter Platz 1867« fesselte mich besonders, da darauf viele Soldaten auf dem Platz versammelt waren. Nun war ich in der Lage, mir den Platz vor rund 150 Jahren vorzustellen. Das Bild hatte viel in mir ausgelöst.

Verwende Bilder, wenn deine Zuhörer durch Vorstellungkraft alleine nicht in der Lage sind, sich das Gewünschte vorzustellen.

## GEGENSTÄNDE

Visuelle Hilfsmittel können auch Gegenstände sein. Welchen zentralen Gegenstand gab es in der Geschichte? Ein technisches Relikt aus alten Zeiten möglicherweise?

Als ich den Vortrag über meinen Wohnungsbrand Jahre später noch einmal gehalten habe, wählte ich dafür ein ganz besonderes Utensil. Es war ein verbranntes Hemd, das ich all die Jahre in einem übergroßen Marmeladenglas aufbewahrt hatte. Ich musste das Glas nur öffnen und konnte dadurch sogar den olfaktorischen Sinn der Zuschauer – oder besser »Zuriecher« – ansprechen. Wir verbinden Emotionen auch mit bestimmten Gerüchen. Der Geruch nach etwas Verbranntem ist sehr aggressiv und weckt negative Gefühle. Ich jedenfalls konnte mich dadurch gut in meine Gefühlslage von damals zurückversetzen. Das Publikum hatte dadurch die Möglichkeit, zeitversetzt zu Zeugen meiner Geschichte zu werden – und das sowohl visuell als auch olfaktorisch.

## KÖRPER

Auch unser Körper ist ein ideales Transportmittel von Emotionen. Wenn wir die Geschichte wiedererleben, reisen wir sozusagen in die Vergangenheit und befinden uns wieder in dem Raum, in dem sich das Ganze abgespielt hat: »Die Terrassentür war bereits offen, ich ging in die Wohnung. Ich lief über Glassplitter und bewegte mich in die Mitte des Raumes. Der Gestank war kaum auszuhalten. Links von mir die verbrannte Küchenzeile. Das Plastik an den Fronten war geschmolzen. Rechts von mir lag ein Haufen verbrannter Trümmer.«

Ich nutze für diese Situation die Hologrammtechnik, die wir im vorigen Schritt »Bühnenpositionen bestimmen« bereits kennengelernt haben. Es ist wichtig, dabei auf die Genauigkeit der Gesten zu achten, damit der Zuschauer das Bild erkennt. In meinem Fall sollte jeder nachvollziehen können, wo die Küchenzeile sich befindet und wo die Scherben und Trümmer liegen. Indem wir unseren Körper einsetzen, machen wir den Zuhörer zum Zuschauer.

### Argumente: Assoziationen, Analogien und Metaphern

Assoziationen, Analogien und Metaphern lassen sich hervorragend visualisieren. Auf diese Weise können komplexe und schwierige Fakten leichter verständlich gemacht werden.

- Assoziation: Falls dir dein Produkt oder dein Assoziationsobjekt nicht zur Verfügung steht, kannst du es in manchen Fällen auf eine Leinwand projizieren – das ist immer dann sinnvoll, wenn es dem Zuhörer hilft, sich etwas vorzustellen. So wie die Werbeanzeige der Verkehrsbetriebe Zürich: die Haltestelle auf dem Mond.
- Analogie: Ideal ist natürlich, wenn du das Objekt parat hast, um deine Analogie zu verdeutlichen oder zu beweisen. Steve Jobs behauptete 2001, der iPod sei »ultra-portable« und so groß wie ein Kartendeck. Ein Kartendeck kann sich jeder vorstellen. Den Beweis erbrachte Jobs, indem er den iPod mit dem Spruch »A thousand songs in your pocket« präsentierte und ihn in seine Hosentasche steckte.

- Metapher: Wenn du deine gesamte Präsentation auf einer einzigen Metapher aufbaust, kannst du dir die entsprechenden Bilder zunutze machen. Im Falle einer Musikmetapher könnten die Bilder eine Stimmgabel, die verschiedenen Instrumente eines Orchesters oder den Taktstock eines Dirigenten zeigen.

Für die Visualisierung mittels Folien gilt: Arbeite mit wenig Text, ein Bild braucht nur eine kurze Überschrift aus ein bis maximal drei Wörtern oder kurze Aufzählungspunkte. Das reicht vollkommen aus. Achte auf authentische Bilder und vermeide Stockfotos.

Es muss aber auch nicht ausschließlich die Visualisierung mittels Folie sein. Eine Stimmgabel zum Beispiel kannst du auch gut mitbringen und so live während deines Vortrags schöne Klänge erzeugen.

### Detailliert vs. Big Picture

Um Sachverhalte zu erklären, empfehle ich einfache Grafiken anstelle von Bildern. Die Stärke von Bildern besteht darin, viele (Bild-)Informationen auf einfache Art zu vermitteln und so bestimmte Emotionen zu wecken. Die Stärke einer Grafik ist es, auf den Punkt zu kommen.

Viele von uns verwenden ein Navigationssystem beim Autofahren. Es ist ein gutes Beispiel dafür, wie der Sprachkanal – also die nette Dame mit leicht metallischer Computerstimme – durch Grafiken erweitert wird, die eine virtuelle Landkarte zeigen und zweierlei Wünsche erfüllen: Wir möchten einerseits ein Big Picture erkennen und uns einen Überblick über die Reise verschaffen. Dazu zoomen wir aus der Landkarte heraus, um die gesamte Strecke zu erkennen. Dabei geht zwar die Detailtreue verloren, aber das spielt beim Big Picture auch keine Rolle. Es geht vielmehr darum, eine grobe Orientierung zu erhalten.

Andererseits möchten wir gerne wissen, welche Ausfahrt wir nehmen oder wo wir abbiegen müssen. Dafür brauchen wir Details. Ob nun die Bäume an der Straße korrekt eingeblendet sind, spielt dabei keine Rolle. Solch eine Information würde uns eher verwirren, da wir sie beim kurzen Blick auf das Navigationssystem ohnehin nicht verarbeiten können. Wesentlich sind die Fahrbahnen und die Richtungen. Einfachheit siegt. Das gleiche Kriterium wird auch seit Jahrzehnten bei der Gestaltung von Verkehrsschildern angewandt. Auf welchem Bild erkennst du besser, dass es sich um eine Rollsplittwarnung handelt?

Vorsicht Rollsplitt!

Natürlich ist es auf dem rechten Bild leichter erkennbar. Um das Wesentliche zu vermitteln, reichen Auto und Steine völlig aus. Das linke Bild könnte ja auch bedeuteten: Licht einschalten. Es sind zu viele Details eingeblendet, die an dieser Stelle eher verwirren.

Zurück zur Landkarte – zur Londoner U-Bahn 1933 (siehe dazu die Abbildungen auf der nächsten Seite). Bis zu diesem Zeitpunkt waren in einem U-Bahn-Plan Informationen visuell umgesetzt, die nicht unmittelbar zur Orientierung der Passagiere beitrugen, etwa die genauen Abstände zwischen den einzelnen Stationen und der genaue Streckenverlauf mit allen Kurven. Das war zumindest die Ansicht des britischen Grafikdesigners Harry Beck. Er entwarf einen neuen Plan, in dem er genau diese Informationen ignorierte. In seinem Plan hatten die Stationen einen immer gleichen Abstand zueinander und es gab nur waagerechte, senkrechte und diagonale Linien. Dieser Ansatz findet sich heute auf den meisten U-Bahn-Plänen wieder. Es kommt eben auf die Einfachheit und auf das Wesentliche an.

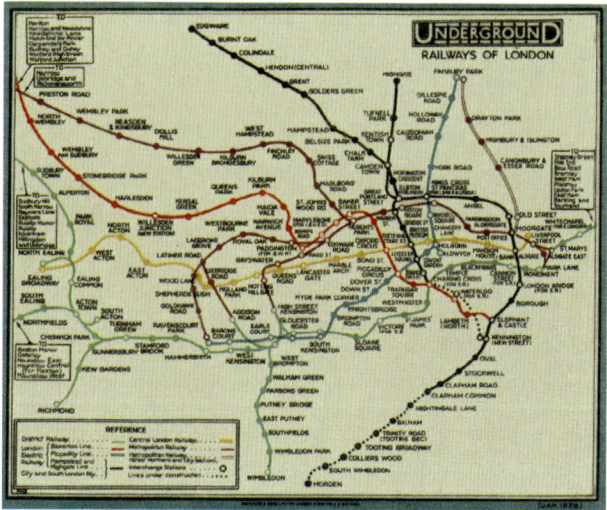

U-Bahn-Plan London: vorher (1926) [69]

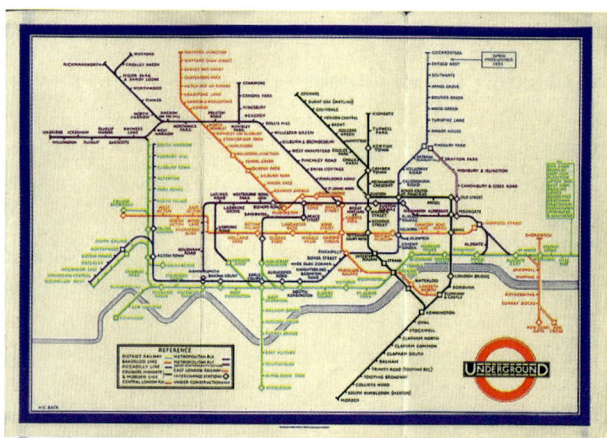

U-Bahn-Plan London: nachher (1933) [70]

*Das ideale Visualisierungstool*

Nun aber zu meinem persönlichen Glaubwürdigkeitsbooster: dem Flipchart, einem Visualisierungstool mit enormem Potenzial. Das Flipchart erlaubt es dir, einen Inhalt während der Kommunikation mit dem Publikum zu visualisieren.

Ich erinnere mich in diesem Zusammenhang an meinen Mathematikunterricht: Uns ist es immer leichter gefallen, eine Formel zu verstehen, wenn sie gemeinsam mit dem Lehrer hergeleitet wurde. Wenn uns hingegen direkt die fertige Formel präsentiert wurde, blieb viel weniger hängen. Für das gemeinsame Erarbeiten ist das Flipchart ideal. Insbesondere komplexe Themen eignen sich gut für dieses Verfahren. Konfrontiere deine Zuschauer nicht mit einer fertigen Grafik, sondern erstelle diese gemeinsam mit ihnen in einem kreativen Prozess

Dazu noch eine Anmerkung: Manchmal möchte man komplexe Sachverhalte einfach selbst verstehen, ohne sie von einem anderen erklärt zu bekommen. Etwas selbst »schaffen« – das verspricht ein noch intensiveres Erfolgserlebnis. Steht dir nur wenig Zeit zur Verfügung, solltest du einen guten Mittelweg zwischen der Frontalpräsentation und dem gemeinsamen Herleiten des Inhalts finden. Der Zuhörer sollte ja möglichst nicht mehr mit der Lektion davor beschäftigt sein, während du bereits beim nächsten Punkt angelangt bist. Das gilt für Vortrag und Präsentation gleichermaßen. Anders verhält es sich mit einem Workshop. Hier kann man dem Publikum bewusst die Zeit geben, Dinge und Wissen selbst zu erarbeiten, um am Ende die Lösung gemeinsam herzuleiten.

Als Berater habe ich komplexe technische Abläufe immer gerne einfach mit Papier und Bleistift erklärt. So war es viel leichter, Dinge zu abstrahieren und Zusammenhänge durch Verbindungslinien oder Pfeile zu erklären. Auch ein Zeitstrahl eignet sich sehr gut als Teil eigener Grafiken. Natürlich gibt es zu vielen Themen bereits fertige Texte und Grafiken, die man übernehmen könnte. Neue Mitarbeiter fühlten sich jedoch von diesen »perfekten« Grafiken oft erschlagen und bevorzugten die selbst erstellten Zeichnungen.

Mit »Visualisierungen« meine ich übrigens nicht nur Grafiken und Formeln, sondern auch Aufzählungspunkte. Auch dafür eignet sich das Flipchart besser als Folien. Schreibe das Stichwort auf das Flipchart, wenn du das Thema erklärt oder mit den Zuschauern erarbeitet hast. Somit bleibt der Fokus bei dir, und im Moment des Aufschreibens erhält der Zuschauer eine Art visuelle Zusammenfassung wie bei einer Einkaufsliste.

Der Redner, der seinen Inhalt live herleitet, beweist, dass er sein Thema beherrscht. Mehr braucht es nicht, um glaubwürdig zu sein. Ein Referat über ein beliebiges Thema vorbereiten und es mittels Folien visualisieren, das können viele – aber dann entstehen in der Regel auch nur die ausdruckslosen Präsentationen, von denen wir uns abheben wollen.

Noch ein Tipp in Sachen Video: Für den Fall, dass dein Vortrag aufgezeichnet wird, ist es praktisch, sich auf ein Thema pro Slide und Flipchartblatt zu konzentrieren. Den Zuschauer verwirrt es, wenn du im Video über ein Thema sprichst, während auf den Folien oder auf dem Flipchart etwas völlig anderes zu sehen ist.

Aus der Trainerbranche ist das Flipchart nicht mehr wegzudenken. Trainer und Seminarleiter sind es gewöhnt, damit zu arbeiten. Gerade bei der Interaktion mit den Teilnehmern erlaubt das Flipchart eine hohe Flexibilität. Ich lasse mich ungerne von Folien »festnageln«. Sie nehmen mir genau diese Flexibilität, die ich sehr genieße. Aber: Wenn du mit dem Flipchart arbeitest, musst du dich in deinem Thema absolut sicher fühlen, da du deine Grafiken und Aufzählungspunkte direkt während des Vortrags oder kurz vor dem Auftritt selbst erstellst.

Du kannst dann auch nicht mit Grafiken arbeiten, die andere erstellt haben. Der Vorteil der eigenen Grafik ist ohnehin der, dass du sie mit deinen eigenen Worten erklären kannst. Das ist bei den Grafiken anderer nicht unbedingt so.

Und: Wenn du deine Grafiken selbst erstellst, brauchst du auch ein wenig künstlerisches Talent. Meines entdeckte ich bei einem Abendessen in Rom. Die Tischunterlage bestand aus einer Malanleitung, die zeigte, wie man in sechs Schritten einen Vogel zeichnen kann. Meine Begleitung gab mir zum Glück keine Note auf das Ergebnis meiner Bemühungen, sondern freute sich über den Vogel. Sie bekam sogar Lust, ebenfalls zu zeichnen, und so entstand im Laufe des Abends das Gemälde »Zwei Vögel in Rom«. Was ich damit sagen will: Traue dich, einfach drauflos zu zeichnen, und probiere das immer wieder aus. Diese Lust aufs Malen und Zeichnen wird dein Publikum sehr schätzen. Und mal ehrlich: Man ist doch heutzutage froh, wenn man einmal in einem Meeting oder in einem Vortrag von PowerPoint verschont bleibt, oder nicht?

## Das Symbol

Müssen wir eigentlich immer so lange herumargumentieren und unser Publikum mit viel Text langweilen? Führe doch deine Behauptungen direkt anhand deines Produkts vor. Zeige dein Produkt live. Das erzielt viel mehr Wirkung, als wenn nur darüber gesprochen wird. Du solltest aber auf jeden Fall immer einen Plan B in der Tasche haben, falls zum Beispiel bei der Technik etwas schiefgeht.

Der Gegenstand ist wohl das älteste visuelle Hilfsmittel und spielt schon in der antiken Rhetorik eine Rolle. Egal wo du dieses Buch gerade liest – zu Hause im Wohnzimmer, im Büro oder in einem Kaffeehaus –, sieh dich doch einmal um: Fast alles, was du siehst, könnte ein Gegenstand für deinen Auftritt sein. Die Pinnwandnadel, ein Buch, ein Glas – alles ist denkbar. Du wählst den Gegenstand abhängig von deinen Grundelementen. Wenn du über Identität sprichst, könntest du zum Beispiel Dinge verwenden, die dir persönlich sehr viel bedeuten, oder einen Ausweis. Welche Gegenstände passen zu deiner Metapher?

Wenn wir uns Kriminalität als wildes Tier vorstellen, könnten Handschellen gut passen; bei Jacks Metapher – der Verkaufsprozess als Liebesaffäre – könnte es ein Ring sein.

»If you can't explain it simply, you don't understand it well enough«, sagte einst Albert Einstein. Also schauen wir, dass wir unseren Inhalt so einfach wie möglich erklären und auch die visuellen Hilfsmittel bewusst einsetzen. Vergiss bitte an dieser Stelle, was du irgendwann einmal gelernt hast. Die Folien-Regeln (z. B. die Sieben-Punkte-pro-Folie-Regel, Agenda-Folie usw.) sind heute völlig überholt und tragen wirklich nichts zu einer besseren Präsentation bei. Wir wollen Dinge so einfach wie möglich – und gleichzeitig mit so viel Emotion wie möglich – erklären. Emotionen könnten beispielsweise Neugier oder Spannung sein. Die HUMAINE-Tabelle bietet viele Anregungen. Niemals möchten wir langweilig präsentieren. Dieser Wunsch wirkt sich eins zu eins auf die visuellen Hilfsmittel, wie etwa Gegenstände oder Folien, aus. Sie sollen dich unterstützen, dürfen dir jedoch niemals die Show stehlen.

Noch ein kleiner Nachtrag: Du möchtest (z. B. wegen gewisser Corporate-Design-Regeln) dennoch an deiner Agenda-Folie festhalten? Lass dich auf das Experiment ein, darauf zu verzichten, und schau, was passiert. Die Agenda kannst du ersetzen, indem du eine gute Struktur und eine interessante Storyline baust. Das hat eine viel stärkere Wirkung und zeigt eindrucksvoll, dass man gut auf die klassischen Folien-Regeln verzichten kann.

# ✎ CHECKLISTE

| Ja | Nein | |
|---|---|---|
| ☐ | ☐ | Meine Bilder haben eine gute Auflösung und wirken nicht unscharf. |
| ☐ | ☐ | Ich vermeide gestellte Stockfotos. |
| ☐ | ☐ | Ich verwende eigene, authentisch wirkende Bilder. |
| ☐ | ☐ | Ich zeige die Bilder im Vollbildmodus. |
| ☐ | ☐ | Ich vermeide weiße Ränder (schwarzen Hintergrund). |
| ☐ | ☐ | Ich verwende zwischendurch schwarze Folien. |
| ☐ | ☐ | Ich gehe sparsam mit Aufzählungspunkten um. |
| ☐ | ☐ | Bei mir gibt es keine »Herzlich Willkommen«-Folie |
| ☐ | ☐ | … und auch keine Agenda-Folie |
| ☐ | ☐ | … und auch keine »Herzlichen Dank«-Folie |
| ☐ | ☐ | … und auch keine Fragen-Folie. |
| ☐ | ☐ | Das Firmenlogo erscheint maximal auf der ersten Folie. |
| ☐ | ☐ | Ich vermeide komplexe Grafiken auf Folien. Ich verwende stattdessen das Flipchart, um gemeinsam mit dem Publikum die Grafiken zu erstellen. |

**FREMDE STADT**

Suche dir einen interessanten Platz in einer Stadt, die du demnächst besuchst. Den Weg dorthin solltest du noch nicht kennen. Frage in etwa zwei bis drei Kilometern Entfernung einen Passanten, wie du diesen Ort erreichen kannst. Der Passant wird, wenn er einheimisch ist, den Weg im Kopf haben. Wirst du dir alle Anweisungen detailliert merken? Der Passant hat die Bilder des Weges im Kopf und navigiert durch diese Bilder, während er dir den Weg beschreibt. Es ist in jeder Situation ein schwieriges Unterfangen, sich Aufzählungsschritte zu merken, wenn der andere exakte Bilder im Kopf hat, man selbst aber nicht.

# Teil 3:
# Präsentation vorbereiten

*»Der Vortrag ist das Maßgebende der Redekunst.«*

CICERO[71]

In diesem Teil des Buches widmest du dich der Vorbereitung. Vorbereitung ist alles, was geschieht, nachdem du die Präsentation konzipiert und erstellt hast. Du beherrschst die Inhalte und hast die Präsentation zu Hause im »Trockentraining« geübt.

Was beinhaltet die Vorbereitung? Du solltest für den perfekten Auftritt alle Gegebenheiten am Vortragsort kennen und auf Unvorhergesehenes vorbereitet sein. Nichts sollte dich später in der konkreten Situation aus der Ruhe bringen. Die folgenden Vorbereitungsschritte sind insbesondere dann nötig, wenn du das Veranstaltungssetup noch nicht im Detail kennst.

 **Inhalt merken**

Die antike Erinnerungstechnik Loci[72] können wir uns auch heute noch zunutze machen. Loci bedeutet so viel wie »Orte«. Wir suchen also nach Orten und Dingen, mit denen wir unsere Erinnerungen in Verbindung bringen können. Idealerweise handelt es sich dabei um einzelne Gegenstände in einem Raum, mit denen wir unsere Redeelemente assoziieren. Sieh dir also deine Redeelemente der Reihe nach an und suche in einem Raum, den du für geeignet hältst, nach Assoziationsobjekten. Das Wohnzimmer, die Küche oder die Garage eignen sich sehr gut dafür. Versuche dich auf einen Raum festzulegen, damit auch die Objekte möglichst nah beieinanderliegen. Wenn du die Assoziationsobjekte gefunden hast, gehe in Gedanken durch diesen Raum und erinnere dich, welches Wort du damit assoziiert hast. Hier findest du ein paar Beispiele.

| Stichwort, das du dir merken möchtest | Assoziationsobjekt | Raum | Beschreibung |
|---|---|---|---|
| Agenda | Kommode | Vorraum, Küche, Wohnzimmer | Jede Schublade entspricht einem Punkt auf der Agenda. |
| Person | Spiegel | Vorraum | Man schaut sich noch einmal im Spiegel an, bevor man die Person trifft. |
| Ziel | Fernseher | Wohnzimmer | Man stellt sich eine Fußballmeisterschaft vor, die im Fernsehen übertragen wird. Der Ball muss ins Tor / Ziel. |
| Heute | Geschirrspüler | Küche | Der Geschirrspüler muss heute ausgeräumt werden. |

Beispiele für Assoziationsobjekte

Diese Assoziationsobjekte sind sehr persönlich. Wichtig ist, dass die Assoziationen für dich einen Sinn ergeben und du dir die Inhalte mit ihrer Hilfe gut merken kannst.

## Wochen vor dem Auftritt

Diese Vorbereitungsschritte sind insbesondere für Keynote-Präsentationen auf großen Bühnen gedacht. Das eine oder andere wird für kleine Präsentationen nicht passen oder übertrieben wirken; vieles ist aber auch für diese sehr gut geeignet und damit eine wertvolle Unterstützung.

Die folgenden Schritte kannst du bereits Wochen vor deinem Auftritt erledigen. Sie zeigen dir, wo du im Vorfeld ansetzen kannst, damit du später nicht in Stress gerätst oder wichtige Dinge übersiehst.

### Feedback einholen

Lass dir von ganz verschiedenen Personen Feedback zu deiner Präsentation geben. Das können sowohl Fachleute als auch Menschen sein, die nichts von deinem Thema oder der Branche verstehen. Trage diesen Personen die Präsentation live vor oder sende ihnen eine Videoaufnahme. Das aussagekräftigere Feedback erhältst du allerdings bei der Livepräsentation. Das Feedback wird dir helfen, deine Präsentation aus einem zusätzlichen Blickwinkel – dem des Publikums – zu betrachten.

Überarbeite den Entwurf deines Speech Pads sowie deinen Inhalt auf Basis des erhaltenen Feedbacks. Auch die Rückmeldungen zu deinem Auftreten solltest du dir zu Herzen nehmen. Ob du jedes einzelne Feedback berücksichtigen willst, bleibt natürlich dir überlassen. Urteile selbst, ob es dir hilft oder nicht. Wiederhole diesen Schritt so lange, bis du die Präsentation für bühnenreif hältst.

### Zwei Vortragsversionen erstellen

Ich habe mittlerweile immer eine Kurz- und eine Langversion meines Vortrags vorbereitet. Die Langversion entspricht der geplanten Vortragsdauer von etwa einer Stunde und die Kurzversion ist circa zehn Minuten kürzer. Ich überlege mir immer vorab, welche Geschichten ich weglassen könnte, für den Fall, dass mir Zeit gestohlen wird – wenn beispielsweise der Vorredner überzieht, das Bühnen-Setup zu lange dauert oder der Veranstalter sein Event nicht im Griff hat.

### Anreise planen

Finde heraus, zu welcher Tageszeit und an welchem Veranstaltungsort dein Auftritt stattfindet. Plane für die Anreise unbedingt ausreichend Zeit ein, damit du mehr als rechtzeitig am Veranstaltungsort eintriffst – »mehr als rechtzeitig« deswegen, weil am Ort selbst immer noch einige wichtige Vorbereitungsschritte auf dich warten, für die du ebenfalls Zeit benötigst. Eine Anreise am Vortag empfehle ich dir, wenn eine (oder mehrere) der folgenden drei Bedingungen gegeben sind:

- Dein Auftritt findet am Vormittag statt.
- Du reist mit dem Flugzeug an (Streikrisiko) oder hast eine längere Anreise mit dem Auto (Staurisiko).
- Du kennst den Veranstaltungsort noch nicht.

Generell gilt: Finde heraus und plane, wie du genau zum Veranstaltungsort kommst (Auto, Taxi, öffentliche Verkehrsmittel – welche und wie).

### Biografie und Einleitungstext definieren

Kläre ab, ob ein Veranstaltungsprogramm (gedruckt oder / und online) geplant ist. In den meisten Fällen kommt der Veranstalter in dieser Sache auf dich zu. Im Veranstaltungsheft oder auf der Webseite wirst du als Redner mit deinem Vortragsthema angekündigt. Bereite eine Kurzbiografie, ein Foto und einen Text vor, der neugierig auf deinen Vortrag macht.

### Handouts für alle

Finde heraus, wie viele Menschen voraussichtlich im Publikum sitzen. Drucke die entsprechende Anzahl Handouts aus. Gib deine Kontaktdaten in der Fußzeile mit an. Je professioneller die Handouts ausgearbeitet und gestaltet sind, desto mehr Überzeugungskraft hast du!

Wie kann man verhindern, dass sich das Publikum während deines Vortrags nur mit dem Handout beschäftigt? Ich habe mir dazu einen Stempel mit der Aufschrift »DO NOT OPEN / NICHT ÖFFNEN« anfertigen lassen. Ich verschließe die Handouts mit einer Büroklammer und versehe sie auf der Vorderseite mit dem Stempel. Erst dann verteile ich sie auf den Sitzplätzen. So kann ich sicherstellen, dass die Handouts erst dann geöffnet werden, wenn ich es wünsche. Wenn die Zuhörer die Handouts während des Vortrags öffnen und lesen, sind sie gedanklich und emotional nicht mehr bei mir als Redner – und das kann mithilfe dieses kleinen Tricks verhindert werden.

Tipp: Ein Muster des Stempels kannst du auf meiner Webseite downloaden.

### Vortragsutensilien abklären

Definiere vorab, welche Utensilien du für deinen Vortrag benötigst. Brauchst du einen Projektor, ein Flipchart oder eine Moderationswand? Wie sieht es aus mit Lautsprechern bzw. Verstärkern? Sprichst du über ein Headset, ein Knopfmikrofon oder über ein klassisches Mikrofon, das du möglicherweise sogar in der Hand halten musst? Letzteres hätte Auswirkungen auf deine gesamte Körpersprache. Und wird der Vortrag gefilmt?

Jede einzelne dieser Fragen generiert weitere Fragen, die geklärt werden müssen. Die Checkliste, die du mit dem Veranstalter durchgehen solltest, findest du im Anhang.

### Raum-Setup kennenlernen

Lasse dir Bilder des Veranstaltungsraums und / oder den Raumgrundriss schicken. Dann siehst du, wo dein Publikum sitzen wird, wie die Bühne angeordnet ist und wo sich die Leinwand und der Projektor befinden. Mit diesen Informationen kannst du deine Bühnenperformance bereits vorab bestens planen.

 **Zwei Tage vor dem Auftritt**

### Vortragsraum begutachten

Sofern du keine Bilder oder Skizze des Veranstaltungsraums erhalten hast, solltest du versuchen, den Raum vorab zu begutachten. Das geht natürlich nur, wenn er nicht unzählige Kilometer weit entfernt ist.

Wenn du vor Ort bist, kannst du deine Präsentation bereits einmal im Vortragssaal ohne Publikum halten. Überlege dir, wo du wann stehen wirst. Prüfe, ob das von dir vorgesehene Bühnenkonzept dort auch funktioniert. Es kann sein, dass du auf manchen Positionen direkt im Licht des Projektors stehst. Passe also entweder deine Präsentation ein klein wenig an oder ändere die Bühnenposition. Stelle sicher, dass du jederzeit vom Publikum – und, falls eine Kamera läuft, auch von dieser – gesehen werden kannst. Vergewissere dich, dass weder Gegenstände noch Möbel zwischen dir und dem Publikum stehen.

Oft liegen Zettel herum oder es stehen Geschirr oder andere Gegenstände im Raum, die nichts mit dem Veranstaltungsort, der Veranstaltung oder deiner Präsentation zu tun haben. Wenn du sicher bist, dass diese Gegenstände niemandem fehlen, entferne sie und lagere sie in einem anderen Raum.

## Handouts / Copyshop

Finde heraus, wo der nächste Copyshop ist und wann dieser geöffnet hat, sofern du Handouts geplant hast; dann hast du einen Plan B, falls du deine Unterlagen vergisst oder mehr Zuschauer kommen als erwartet.

## Unterstützung durch Assistenten sicherstellen

Suche dir Assistenten, die dich besonders in der Phase direkt vor und nach dem Auftritt unterstützen. Oft hat der Veranstalter kurzfristig noch eine Frage an dich, oder jemand aus dem Publikum braucht eine Auskunft von dir. Jedes noch so kurze Gespräch nimmt dir wertvolle Vorbereitungszeit weg und kann dich aus dem Konzept bringen. Es wäre jedoch unhöflich, diese Personen auf später zu vertrösten. Engagiere ein oder zwei Assistenten, die dir den Rücken freihalten, und delegiere, was du delegieren kannst. Erkläre deinen Assistenten so genau wie möglich, was wann wo zu tun ist. Machen sie Fehler bei der Vorbereitung, fallen diese am Ende auf dich zurück.

Nach deinem Vortrag werden ebenfalls viele Personen aus dem Publikum auf dich zukommen. Schenke ihnen Zeit und beantworte ihre Fragen. Gib ihnen die Chance, sich mit dir zu verbinden. Parallel dazu muss in der Regel der Veranstaltungssaal wieder in seinen ursprünglichen Zustand gebracht werden. Gib auch diese Aufgabe an deine Assistenten ab.

## Wireless Presenter / Speaking-Kit

Prüfe, ob der Wireless Presenter ausgeschaltet ist, ob die Batterien voll sind und es für den Notfall Ersatzbatterien gibt. Checke dein Speaking-Kit auf Vollständigkeit und Funktionsfähigkeit. Schreiben deine Stifte noch? (Checkliste für das Speaking-Kit im Anhang.)

*Kulturbeutel / Reiseapotheke*

Auch der Kulturbeutel und die Reiseapotheke sind wichtig, insbesondere wenn du am Veranstaltungsort übernachtest. Ein fehlendes Deo oder die fehlenden Medikamente gegen eine Allergie können sich auf die Vortragsqualität und dein persönliches Befinden auswirken.

*Ersatzkleidung einplanen*

Nimm dir immer eine zweite Garnitur an Kleidung mit für den Fall, dass die erste Ausstattung Flecken bekommt oder du dich plötzlich darin nicht mehr wohlfühlst.

 ## Stunden vor dem Auftritt

Nun ist es bald so weit. Du bist am Veranstaltungsort und hast alle möglichen Vorbereitungsschritte durchgeführt.

*Pünktlicher Beginn*

Ich habe es schon häufiger erlebt, dass die eigentliche Präsentationszeit noch zur Vorbereitung des Raumes verwendet wird – und schnell wird aus ein paar Minuten eine Viertelstunde, die dann beim Vortrag fehlt. Das sollte dir dank deiner sorgfältigen Vorbereitung nicht passieren.

Pünktlichkeit ist das einfachste Mittel, um zu überzeugen, denn man muss nur zur vorgeschriebenen Zeit bereit sein und starten. Unpünktlichkeit ist das einfachste Mittel, um den gesamten Auftritt zu vermasseln. Es handelt sich dabei wieder um den berühmten ersten Eindruck, und der sollte zu deinen Gunsten ausfallen. Bist du pünktlich, gibt es gleich so etwas wie eine gewisse Grundsympathie, auf der du aufbauen kannst. Außerdem hat Pünktlichkeit etwas mit Respekt vor anderen zu tun. Last, but not least: Pünktlich zu sein bedeutet nicht nur pünktlich zu beginnen, sondern auch pünktlich zu enden!

## Bühne überprüfen

Überprüfe am Veranstaltungsort, ob die Bühne dem von dir gewünschten Setup entspricht. Passe an – bzw. lass anpassen –, was du anpassen kannst, und stelle sicher, dass du mit dem Setup umgehen kannst, falls es nicht deinen Anforderungen entspricht und auch nicht mehr angepasst werden kann. Sei auch an dieser Stelle flexibel und kreativ.

## Instant Messenger ausschalten

Beende alle Hintergrundprogramme auf dem Computer, die nicht zu deiner Präsentation gehören. Ich denke dabei insbesondere an Instant Messenger, Musik-Player oder den Dateimanager. Damit schließt du sicher aus, dass plötzlich deine Privatnachrichten aufpoppen, der Musik-Player deine Lieblingssongs wiedergibt oder die Zuhörer sehen, welche Dateien du sonst noch auf deinem Computer hast. Stelle sicher, dass auf deinem Computer die aktuellste Software und die aktuellste Version deines Betriebssystems installiert sind, sodass keine Update-Meldungen erscheinen.

## Abstimmung mit dem Veranstalter und Moderator

Stimme dich mit dem Moderator ab. Kläre mit ihm, wie er dich am besten vorstellen sollte. Achte darauf, dass er die Kernpunkte deiner Präsentation nicht vorwegnimmt, und vor allem, dass er dich als Mensch vorstellt und nicht als jemand, der fürs Publikum nicht greifbar ist. Du bist zwar der Experte für dein Thema, bist aber auch ein kommunikationsfreudiger Mensch, mit dem man ganz normal reden kann!

## Temperatur im Saal regeln und Lärmquellen entfernen

Dieser Punkt wird durchaus kontrovers diskutiert. Viele sind der Meinung, dass Saaltemperatur und Lärmquellen im Verantwortungsbereich des Veranstalters liegen. Oftmals denken die Veranstalter jedoch nicht an diese wichtigen Punkte. Außerdem hängt es auch von der Größe der Veranstaltung und der Situation ab, was von allen Beteiligten als angenehm und ruhig empfunden wird. Sofern du Einfluss darauf nehmen kannst – und das kannst du, wenn du diese Punkte beim Veranstalter ansprichst –, stelle sicher, dass die Temperatur angenehm und der Raum gut durchlüftet ist und störende Lärmquellen entfernt worden sind.

### Licht im Raum anpassen

Kümmere dich um das Licht im Raum. Nur du kannst wissen, wie du das Licht gerne hättest. Soll alles gleichmäßig ausgeleuchtet sein oder wäre es besser, den Publikumsbereich abzudunkeln und auf der Bühne mit diversen Lichtquellen für eine gewisse Dramaturgie zu sorgen? Stelle das Flipchart an eine Stelle, an der es ausreichend beleuchtet ist. Achte darauf, dass dein gesamtes Equipment gut und sicher steht.

### Letzte Absprachen mit den Assistenten treffen

Benötigst du noch etwas von deinen Assistenten? Nun ist eine gute Gelegenheit, sie mit kleinen Aufträgen zu versorgen oder alles für sie Relevante durchzusprechen.

### »Soundcheck« durchführen

Teste die Audioübertragung, sowohl vom Mikrofon als auch von deinen mitgebrachten Tonquellen wie etwa Musik oder Video.

- Schließe den Laptop an den Projektor an.
- Bereite alle Utensilien vor, die du benötigst.
- Führe deine Präsentation kurz im Schnelldurchgang durch.

### Vorredner anhören

Höre deinen Vorrednern aufmerksam zu und nimm in deinem Vortrag Bezug auf sie. Sie sind auch Experten auf ihrem Gebiet. Überlege, wie du etwas aus der Präsentation deines Vorredners in deine Präsentation einbauen kannst. Dein Publikum wird dies positiv honorieren, denn es ist ein Zeichen der Wertschätzung und ein Merkmal erfahrener Redner!

## Utensilien der Vorredner entfernen

Entferne die Dinge, die von deiner Präsentation ablenken würden. Gibt es noch Gegenstände, die stören könnten? Sollte der Vorredner vergessen haben, seine Sachen aus dem Raum zu entfernen, erledige das vor deiner Präsentation. Das könnte beispielsweise ein beschriftetes Flipchartblatt sein. Entferne es bzw. blättere um. Wenn du auf der Bühne stehst, darf nichts mehr an deinen Vorredner erinnern.

## Hosentaschen und Jackentaschen leeren

Du solltest auf der Bühne nicht wie ein Känguru mit ausgebeulten Taschen aussehen! Sofern du deine Geldbörse, deinen Schlüssel oder dein Handy nicht als visuelles Hilfsmittel benötigst, vertraue diese Dinge deinen Assistenten oder einem Freund oder Kollegen an. Schalte dein Handy auf lautlos.

## Entspannen

Deine Präsentation hat nun ein Konzept, du hast Feedback von mehreren Personen erhalten und dieses eingearbeitet. Du kennst deinen Inhalt und Text und hast die Präsentation so optimiert, dass die Übergänge fließend sind und du dadurch nichts vergessen kannst.

Du hast dich auf alle Eventualitäten vorbereitet, sodass nichts mehr schiefgehen kann. Somit kannst du nun entspannen! Atme tief durch, bevor du auf die Bühne gehst. Solltest du dennoch nervös sein – das ist vollkommen normal. Die meisten Personen sind nervös, wenn etwas nur von ihrer Leistung abhängt und sie vor einer Gruppe sprechen. Versuche dich zu entspannen. Mir hilft zum Beispiel ein kleiner Spaziergang vor dem Auftritt. Was entspannt dich?

Rufe dir das immer wieder in Erinnerung, denn dann bist du in der Lage, die Nervosität in Energie umzuwandeln. Das erzeugt genau die Kraft, die du benötigst, um zu überzeugen.

# Speech Pad angewandt

*»Die Praxis ist das Schaufenster der Theorie.«*

WERNER EHRENFORTH[73]

# Die Methodik

Speech Pad wurde so gestaltet, dass der Anwender direkt in die Felder schreiben kann. Nutze es wie einen Notizblock und schreibe deine Ideen auf. Sollte der Platz nicht ausreichen, kannst du auch die Rückseite des Speech Pads verwenden. Sobald du beim Schritt »Durch Struktur überzeugen« angelangt bist, lohnt es sich allerdings, auf ein separates Blatt zu schreiben. Ich arbeite dann am liebsten mit einem Flipchart und Haftzetteln.

Zeichne zunächst deine Struktur auf dem neuen Blatt auf und klebe die jeweiligen Inhalte in den entsprechenden Bereich. Beim Schritt »Visuelle Hilfsmittel festlegen« schreibe den Namen des Gegenstands auf einen andersfarbigen Zettel und klebe ihn dazu. Wenn du dich für Folien entscheidest, erstelle deine Folien an dieser Stelle und achte auf eine schwarze Folie zwischen den einzelnen Folien. Wenn es später darum geht, sich den Inhalt zu merken (Schritt: »Inhalt merken«), kannst du einen Assoziationsgegenstand, sozusagen deine Eselsbrücke, auf einen weiteren Haftzettel schreiben und dazu kleben. Verwende dazu am besten einen andersfarbigen Zettel.

# Die verschiedenen Präsentationsarten

Du kennst nun alle wesentlichen Elemente guter Präsentationen. Doch welchen davon solltest du bei deiner Präsentation mehr Aufmerksamkeit schenken und welchen weniger? In allen Fällen solltest du eine klare Botschaft haben, sogar in einer klassischen Teamsitzung, denn hier entspricht die Botschaft deiner Meinung, die du einbringen möchtest.

Das Gleiche gilt für die Analyse des Publikums. In allen Fällen solltest du wissen, wie dein Gegenüber tickt und welchen Nutzen du ihm bieten möchtest. Natürlich nimmt diese Analyse wesentlich weniger Zeit und Mühe in Anspruch, wenn du die Menschen bereits kennst. Als Faustregel lässt sich festhalten: Externe Präsentationen vor Kunden und Lieferanten benötigen eine genauere – und entsprechend aufwendigere – Publikumsanalyse als firmeninterne Präsentationen. Auch bei firmeninternen Präsentationen darf die Analyse jedoch nicht zu kurz kommen – man denke nur an andere Abteilungen, die möglicherweise, wenn sie sich im Ausland befinden, von einer anderen Kultur geprägt sind. Weitere Berufsgruppen und Personen auf anderen Hierarchiestufen haben ebenfalls andere Sichtweisen.

Das Thema Werte (»Welche Werte vertritt dein Publikum?«) spielt vor allem dann eine Rolle, wenn du Argumente vorbringen musst, da die Wertvorstellungen deines Publikums direkt mit seinen möglichen Einwänden zusammenhängen.

Sehen wir uns nun das Thema Argumente und Informationen an. Informationen werden bei so gut wie allen Präsentationen vermittelt. Die Frage ist nur, wie komplex sie sind und wie man sie aufbereiten sollte. Versteht jeder Laie die Details einer technischen Präsentation? Reicht es, bei einer Finanzpräsentation zu runden, oder wollen die Menschen genaue Zahlen hören?

Wie ist es mit den Emotionen? Sollten wir uns über Emotionen bei jeder Art von Präsentation Gedanken machen? Die Antwort fällt dir vermutlich leichter, wenn ich vorwegnehme: Langeweile ist auch eine Emotion! Wollen wir langweilen? Eher nicht. In jedem Fall sollten wir uns darüber Gedanken machen, wie wir Langeweile vermeiden.

Nun fehlen noch die Themen Glaubwürdigkeit und Authentizität. In welchen Fällen sollten wir uns darüber Gedanken machen? Kurz gesagt: überall, wo wir glaubwürdig und authentisch sein möchten – also praktisch immer. Ich kenne keine Art der Präsentation, in der das nicht der Fall ist.

Die Tabelle auf den beiden folgenden Seiten zeigt, welche Speech-Pad-Elemente in verschiedenen Präsentationsarten zu nutzen sind – und damit auch, an welchen Stellen man sich detailliert Gedanken machen sollte und wo eine gröbere Beschäftigung ausreicht.

Man sieht an dieser Tabelle, welche Visualisierungsarten sich für welche Präsentationsarten eignen; es müssen ja nicht immer Folien sein. Manche Elemente, wie Struktur und Botschaft, sollte man immer berücksichtigen. Andere sind nicht immer zwingend nötig, sogenannte »Nice-to-haves«, wie zum Beispiel das Verwenden eines Zitats.

Sehen wir uns Speech Pad nun konkret anhand einer Projektpräsentation an.

| | Visualisierung | | | | Speech Pad | | | | |
|---|---|---|---|---|---|---|---|---|---|
| | Flipchart/Board | Gegenstände | Handouts | Präsentationssoftware | Botschaft | Situation | Wer | Werte | Nutzen |
| **Große Firmen** | | | | | | | | | |
| Schulung | 1 | | 1 | 1 | 1 | 2 | 1 | 3 | 1 |
| Meeting | 2 | | 2 | 3 | 1 | 2 | 1 | 3 | 1 |
| Projektpräsentation | 1 | | 3 | 1 | 1 | 1 | 1 | 3 | 1 |
| Informative Rede | 1 | 1 | 3 | 1 | 1 | 1 | 1 | 1 | 1 |
| Townhall | 3 | 3 | | 3 | 1 | 2 | 1 | 1 | 1 |
| Weihnachtsansprache | | 3 | | | 1 | 1 | 1 | 1 | 1 |
| Technische Präsentation | 1 | | 3 | 3 | 1 | 3 | 1 | 2 | 1 |
| Pressekonferenz | | | 1 | 3 | 1 | 1 | 1 | 1 | 1 |
| Firmeninterne Präsentation | 3 | | | 3 | 1 | 2 | 1 | 1 | 1 |
| Briefing | 3 | | 3 | 3 | 1 | 1 | 1 | 2 | 1 |
| **Sales** | | | | | | | | | |
| Vertriebspräsentation | | 1 | | 3 | 1 | 1 | 1 | 1 | 1 |
| Vorführung | | 1 | 3 | | 1 | 1 | 1 | 1 | 1 |
| Keynote | 3 | 1 | | 3 | 1 | 1 | 1 | 1 | 1 |
| **Individuals** | | | | | | | | | |
| Vortrag/Rede | 3 | 2 | | 3 | 1 | 1 | 1 | 1 | 1 |
| YouTube-Video | | | | 1 | 1 | 2 | 1 | 1 | 1 |
| Guy Kawasaki Pitch | | | | 1 | 1 | 2 | 1 | 1 | 1 |
| Pitch | 3 | 1 | | 3 | 1 | 1 | 1 | 1 | 1 |
| TEDx Talk | 3 | 1 | | 2 | 1 | 1 | 1 | 1 | 1 |
| **Weiterbildung** | | | | | | | | | |
| Fachvortrag | 3 | | 2 | 3 | 1 | 2 | 1 | 1 | 1 |
| Workshop | 1 | 3 | 3 | 3 | 1 | 2 | 1 | 1 | 1 |

| Argument | Metapher | Emotion (Argumentation) | Information/Quelle | Analogie | Emotion (Geschichten) | Geschichte | Leidenschaft | Publikum | Start | Zitat | Glaubwürdigkeit | Ende | Struktur |
|---|---|---|---|---|---|---|---|---|---|---|---|---|---|
| 1 | 2 | 3 | 1 | 1 | 3 | 2 | 1 | 1 | 1 | 3 | 1 | 1 | 1 |
| 1 | 2 | 2 | 1 | 2 | 3 | 2 | 2 | 1 | 2 | 3 | 2 | 2 | 1 |
| 1 | 1 | 2 | 1 | 2 | 3 | 2 | 1 | 2 | 1 | 3 | 1 | 1 | 1 |
| 1 | 2 | 3 | 1 | 1 | 3 | 2 | 2 | 2 | 1 | 2 | 1 | 1 | 1 |
| 1 | 2 | 2 | 1 | 2 | 2 | 1 | 1 | 1 | 1 | 2 | 1 | 1 | 1 |
| 2 | 2 | 2 | 1 | 2 | 1 | 1 | 1 | 1 | 1 | 1 | 1 | 1 | 1 |
| 1 | 1 | 3 | 1 | 2 | 3 | 2 | 3 | 3 | 3 | 3 | 3 | 3 | 3 |
| 1 | 1 | 2 | 1 | 2 | 1 | 1 | 1 | 1 | 1 | 3 | 1 | 1 | 1 |
| 1 | 2 | 3 | 2 | 3 | 3 | 2 | 1 | 2 | 1 | 2 | 1 | 1 | 1 |
| 1 | 3 | 2 | 1 | 3 | 3 | 2 | 1 | 1 | 1 | 1 | 1 | 1 | 1 |
| 1 | 1 | 1 | 1 | 2 | 1 | 1 | 1 | 1 | 1 | 1 | 1 | 1 | 1 |
| 1 | 1 | 1 | 1 | 2 | 1 | 1 | 1 | 1 | 1 | 1 | 1 | 1 | 1 |
| 1 | 1 | 1 | 1 | 2 | 1 | 1 | 1 | 1 | 1 | 1 | 1 | 1 | 1 |
| 1 | 1 | 1 | 1 | 2 | 1 | 1 | 1 | 1 | 1 | 1 | 1 | 1 | 1 |
| 1 | 1 | 1 | 1 | 2 | 1 | 1 | 1 | 1 | 1 | 1 | 1 | 1 | 1 |
| 1 | 1 | 1 | 1 | 1 | 1 | 1 | 1 | 1 | 1 | 1 | 1 | 1 | 1 |
| 1 | 1 | 1 | 1 | 1 | 1 | 1 | 1 | 1 | 1 | 1 | 1 | 1 | 1 |
| 1 | 1 | 1 | 1 | 1 | 1 | 1 | 1 | 1 | 1 | 1 | 1 | 1 | 1 |
| 1 | 2 | 1 | 1 | 2 | 1 | 1 | 1 | 1 | 1 | 1 | 1 | 1 | 1 |
| 1 | 1 | 3 | 2 | 1 | 3 | 2 | 1 | 1 | 1 | 3 | 1 | 1 | 1 |

# Beispiel: Projektpräsentation

Ich möchte im Folgenden Speech Pad gerne an einem Vorher-Nach-her-Beispiel erklären. Wir schauen uns zunächst eine typische Projektpräsentation an und begeben uns dafür in den idyllischen fiktiven Ort Hinterdupfing. Die Gemeinde hat sich mit dem Thema Klima-wandel beschäftigt und präsentiert via PowerPoint das Ergebnis ihrer Überlegungen.

## Vorher

Ich möchte diese Präsentation[74] gar nicht weiter kommentieren. Wie wirkt sie auf dich?

## Nachher

Sehen wir uns auf den folgenden Seiten an, wie das Präsentations-konzept auf Basis von Speech Pad aussehen könnte. Wir setzen das Schritt für Schritt um, so wie es auf den vorherigen Seiten beschrieben wurde.

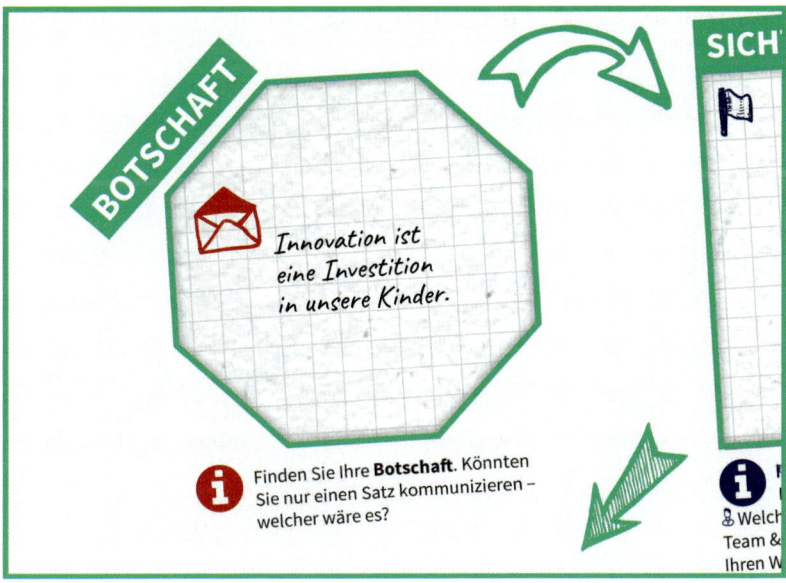

SICHTWEISE DES PUBLIKUMS

STRUKTUR

ABC

A

B

C

Wählen Sie die
Abschluss hinz
diese Struktur auf ein

ihre Botschaft. Könnten
en Satz kommunizieren –
äre es?

Was erwartet Ihr Publikum von Ihnen? Möchten Sie überzeugen, informieren, unterhalten usw.? Wer ist in
Ihrem Publikum (Alter, Beruf, Ausbildung, Einkommen, Geschlecht, Motivationen, Angste, Ziele, Charakter usw.)?
Welche Werte vertritt Ihr Publikum (Familie & Tradition / Status & Macht / Regeln & Prozesse / Erfolg & Wohlstand /
Team & Dialog / Lernen & Individualität / Nachhaltigkeit & Umwelt)? Ordnen Sie diese Werte. Stimmt die Reihenfolge mit
Ihren Werten überein? (So erkennen Sie schnell und einfach, wie Ihr Gegenüber denkt und ob ihre Ansichten ähnlich sind.)
bieten Sie Ihrem Publikum? Wie können Sie Relevanz für den Zuhörer herstellen?

## SITUATION

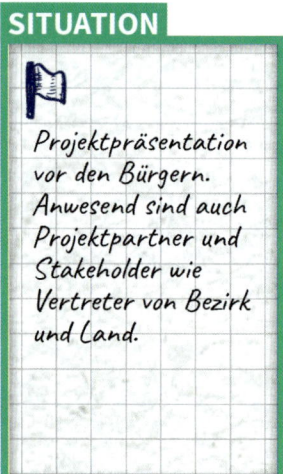

Projektpräsentation
vor den Bürgern.
Anwesend sind auch
Projektpartner und
Stakeholder wie
Vertreter von Bezirk
und Land.

## PUBLIKUM

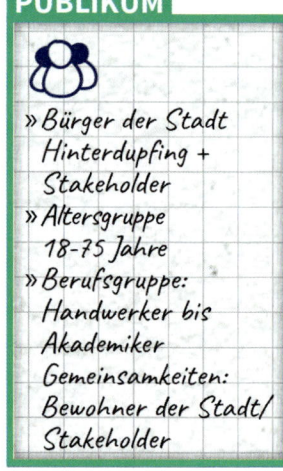

» Bürger der Stadt
Hinterdupfing +
Stakeholder
» Altersgruppe
18-75 Jahre
» Berufsgruppe:
Handwerker bis
Akademiker
Gemeinsamkeiten:
Bewohner der Stadt/
Stakeholder

## WERTE

Stammesmensch:
7 Punkte
Loyale: 6 Punkte
Teammensch:
5 Punkte
Einzelkämpfer:
4 Punkte
Erfolgssucher:
3 Punkte
Möglichkeitensucher:
2 Punkte
Globalist: 1 Punkt

## NUTZEN

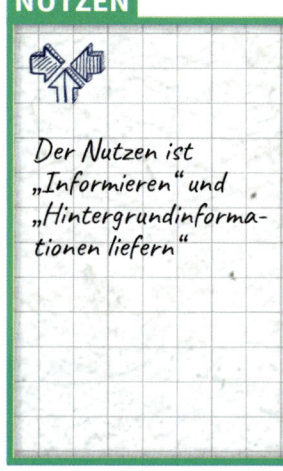

Der Nutzen ist
„Informieren" und
„Hintergrundinforma-
tionen liefern"

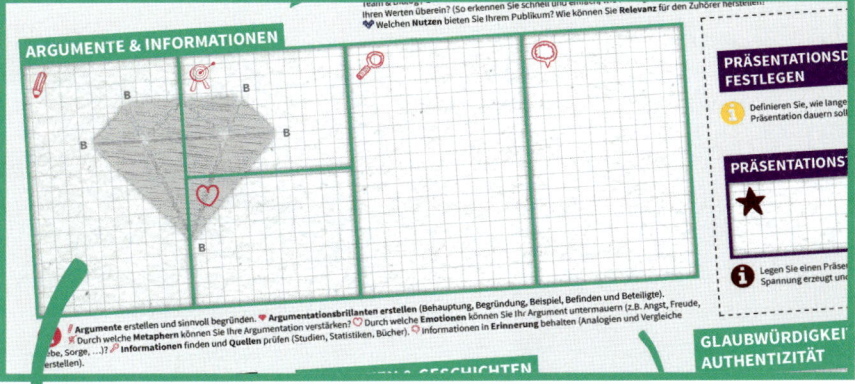

**ARGUMENTE & INFORMATIONEN**

B  B  B  B  B  B

**PRÄSENTATIONSD... FESTLEGEN**

Definieren Sie, wie lange ... Präsentation dauern soll ...

**PRÄSENTATIONST...**

Legen Sie einen Präse... Spannung erzeugt und ...

✓ **Argumente** erstellen und sinnvoll begründen. ♥ **Argumentationsbrillanten erstellen** (Behauptung, Begründung, Beispiel, Befinden und Beteiligte). ♥ Durch welche **Metaphern** können Sie Ihre Argumentation verstärken? ♡ Durch welche **Emotionen** können Sie Ihr Argument untermauern (z.B. Angst, Freude, ...be, Sorge, ...)? ✓ **Informationen** finden und **Quellen** prüfen (Studien, Statistiken, Bücher). ♡ Informationen in **Erinnerung** behalten (Analogien und Vergleiche erstellen).

**GLAUBWÜRDIGKEI... AUTHENTIZITÄT**

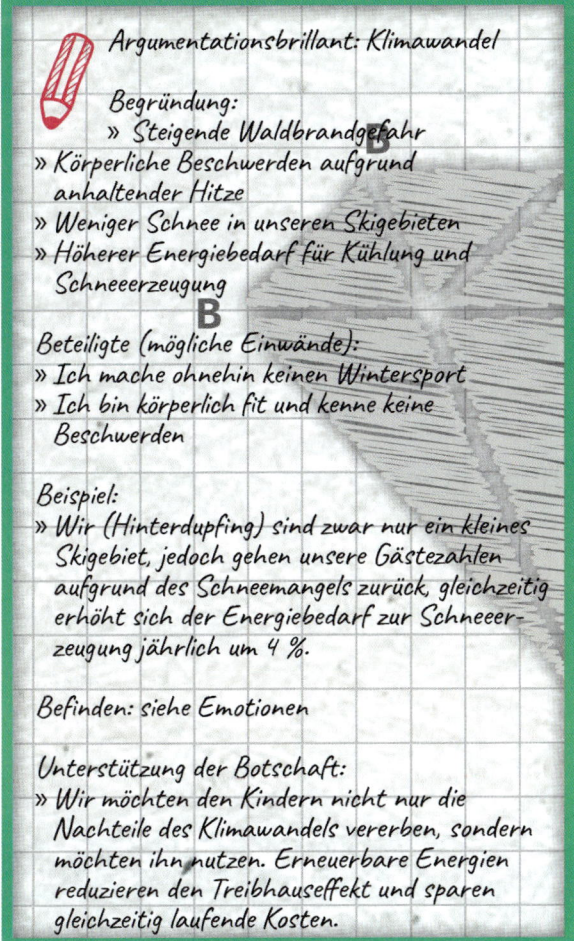

Argumentationsbrillant: Klimawandel

Begründung:
» Steigende Waldbrandgefahr
» Körperliche Beschwerden aufgrund anhaltender Hitze
» Weniger Schnee in unseren Skigebieten
» Höherer Energiebedarf für Kühlung und Schneeerzeugung

**B**

Beteiligte (mögliche Einwände):
» Ich mache ohnehin keinen Wintersport
» Ich bin körperlich fit und kenne keine Beschwerden

Beispiel:
» Wir (Hinterdupfing) sind zwar nur ein kleines Skigebiet, jedoch gehen unsere Gästezahlen aufgrund des Schneemangels zurück, gleichzeitig erhöht sich der Energiebedarf zur Schneeerzeugung jährlich um 4 %.

Befinden: siehe Emotionen

Unterstützung der Botschaft:
» Wir möchten den Kindern nicht nur die Nachteile des Klimawandels vererben, sondern möchten ihn nutzen. Erneuerbare Energien reduzieren den Treibhauseffekt und sparen gleichzeitig laufende Kosten.

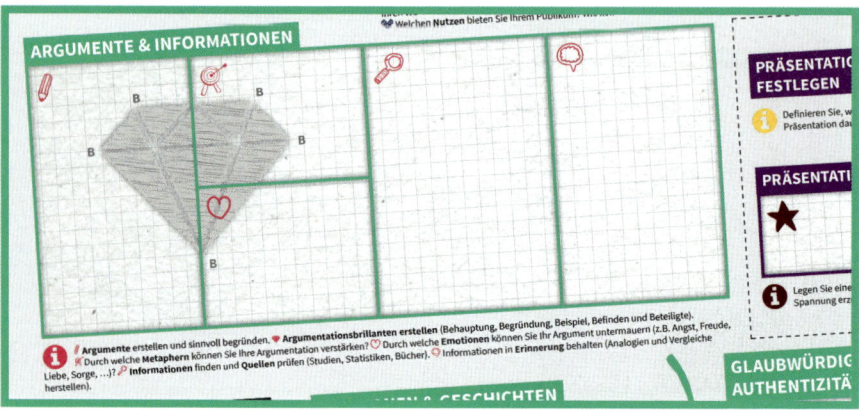

Welchen **Nutzen** bieten Sie Ihrem Publikum?

PRÄSENTATIC
FESTLEGEN

Definieren Sie, w
Präsentation da

PRÄSENTATI

★

Legen Sie eine
Spannung erz

✐ **Argumente** erstellen und sinnvoll begründen. ♥ **Argumentationsbrillanten erstellen** (Behauptung, Begründung, Beispiel, Befinden und Beteiligte).
◎ Durch welche **Metaphern** können Sie Ihre Argumentation verstärken? ♡ Durch welche **Emotionen** können Sie Ihr Argument untermauern (z.B. Angst, Freude,
Liebe, Sorge, ...)? ⌕ **Informationen** finden und **Quellen** prüfen (Studien, Statistiken, Bücher). ◌ Informationen in **Erinnerung** behalten (Analogien und Vergleiche
herstellen).

GLAUBWÜRDIC
AUTHENTIZITÄ

## METAPHER

**B**
Klimawandel ein falscher Freund
(Gibt sich als Freund: mehr Sommer,
schöneres Wetter, aber eigentlich
ist er hinterhältig: körperliche Beschwerden, höherer Energiebedarf.)

## EMOTIONEN BEI ARGUMENTATIONSBRILLANT

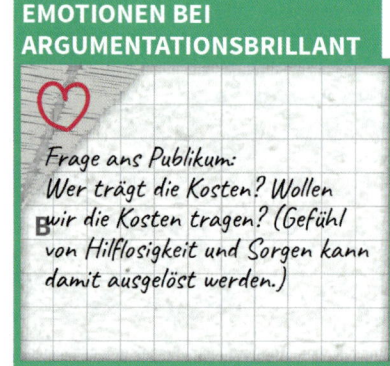

Frage ans Publikum:
Wer trägt die Kosten? Wollen
**B**wir die Kosten tragen? (Gefühl
von Hilflosigkeit und Sorgen kann
damit ausgelöst werden.)

## QUELLEN

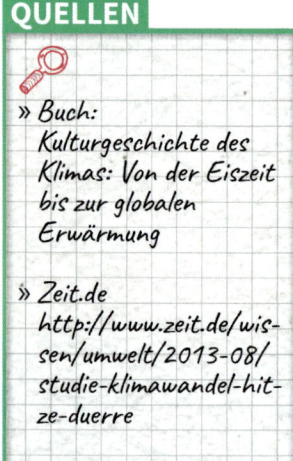

» Buch:
Kulturgeschichte des
Klimas: Von der Eiszeit
bis zur globalen
Erwärmung

» Zeit.de
http://www.zeit.de/wis-
sen/umwelt/2013-08/
studie-klimawandel-hit-
ze-duerre

## ERINNERUNG

» PV-Anlage:
Photovoltaikanlage
» U-Wert: Wärme-
durchgangskoeffizient

Das heißt, wie viel
Wärme kann von einem
gasförmigen Zustand
übergehen? K ist im
übrigen Kelvin und
misst die Temperatur.

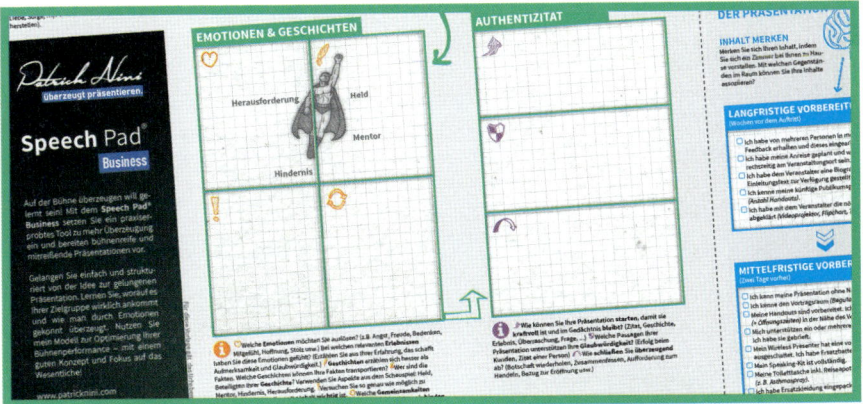

## EMOTIONEN

♡

Zufriedenheit, Stolz, Vorfreude

**Herausforderung**

**Hindernis**

## GESCHICHTE

» Die durchweg positive Rückmeldung in der gesamten Bevölkerung macht mich mehr als zufrieden.

» Wir sind auch stolz, weil dieses Projekt vom gesamten Gemeinderat unterstützt wird.

» Wir freuen uns über jeden Baufortschritt und können es kaum erwarten, die Schule zu eröffnen.

## WICHTIG

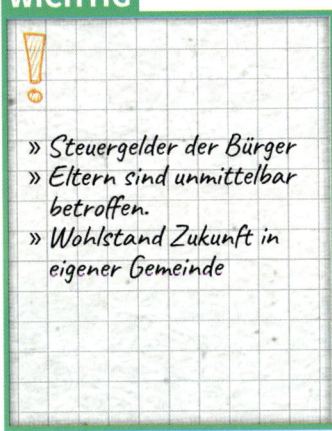

» Steuergelder der Bürger
» Eltern sind unmittelbar betroffen.
» Wohlstand Zukunft in eigener Gemeinde

## EINBINDEN

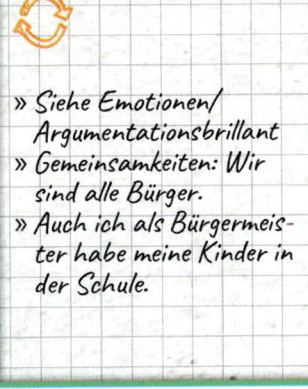

» Siehe Emotionen/ Argumentationsbrillant
» Gemeinsamkeiten: Wir sind alle Bürger.
» Auch ich als Bürgermeister habe meine Kinder in der Schule.

## ERÖFFNUNG

Zitat:
„Innovationen werden anfangs maßlos
überschätzt, auf Dauer aber maßlos
unterschätzt."
(Achim Berg, Microsoft Deutschland)

## GLAUBWÜRDIGKEIT

Wir als Gemeinde Hinterdupfing konnten
in den vergangenen Jahren unsere Innovationskraft unter Beweis stellen. Ich denke
dabei nur an das neue Feuerwehrhaus aus
dem Jahr 2012, von dem unsere Kameraden
bereits sehr profitiert haben.

## ABSCHLUSS

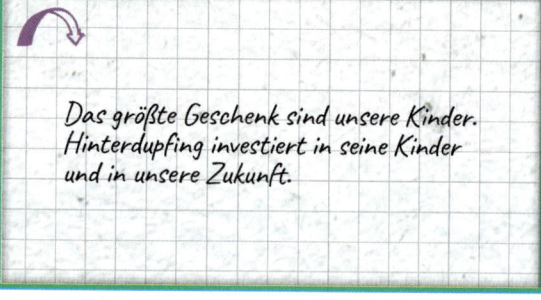

Das größte Geschenk sind unsere Kinder.
Hinterdupfing investiert in seine Kinder
und in unsere Zukunft.

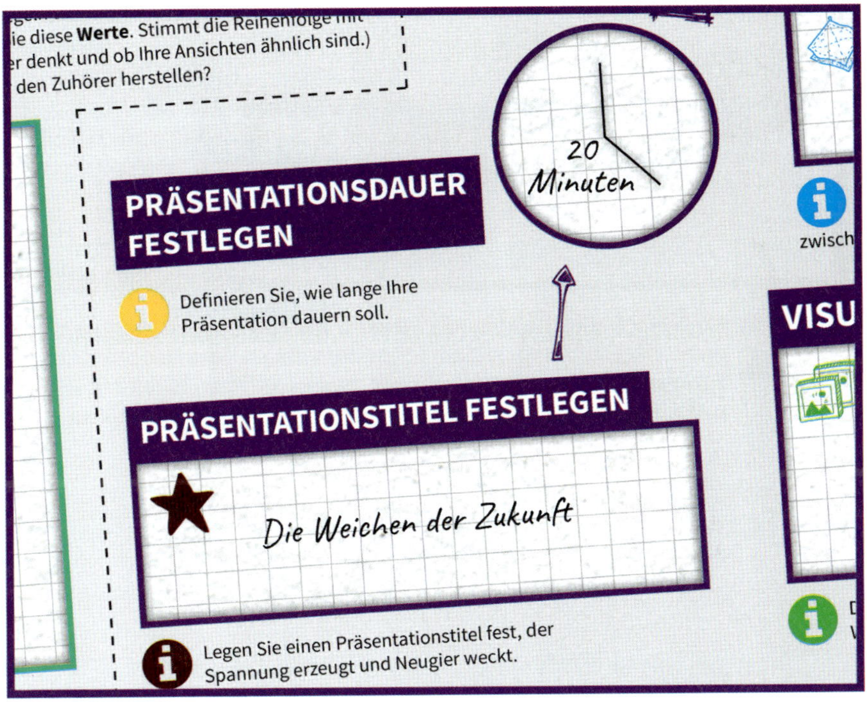

ie diese **Werte**. Stimmt die Reihenfolge mit
er denkt und ob Ihre Ansichten ähnlich sind.)
den Zuhörer herstellen?

## PRÄSENTATIONSDAUER FESTLEGEN

20
Minuten

Definieren Sie, wie lange Ihre
Präsentation dauern soll.

zwisch

## PRÄSENTATIONSTITEL FESTLEGEN

★ *Die Weichen der Zukunft*

Legen Sie einen Präsentationstitel fest, der
Spannung erzeugt und Neugier weckt.

VISU

---

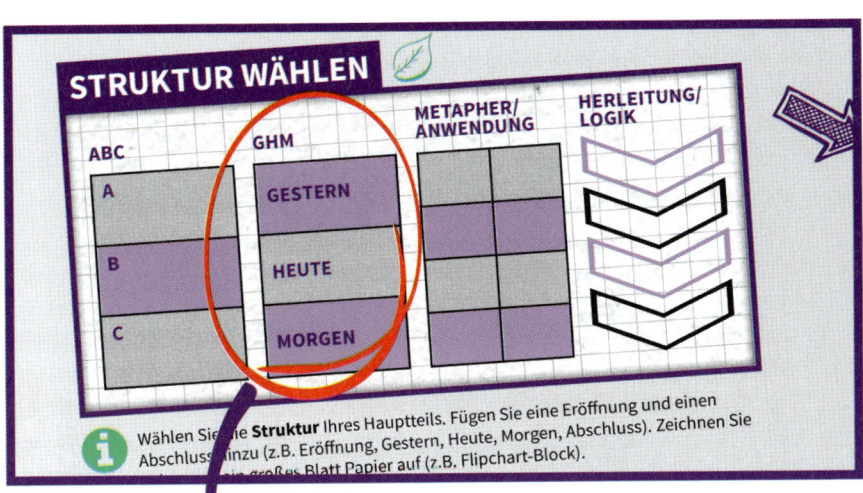

## STRUKTUR WÄHLEN

| ABC | | GHM | METAPHER/ ANWENDUNG | | HERLEITUNG/ LOGIK |
|---|---|---|---|---|---|
| A | | GESTERN | | | |
| B | | HEUTE | | | |
| C | | MORGEN | | | |

Wählen Sie die **Struktur** Ihres Hauptteils. Fügen Sie eine Eröffnung und einen
Abschluss hinzu (z.B. Eröffnung, Gestern, Heute, Morgen, Abschluss). Zeichnen Sie
ein großes Blatt Papier auf (z.B. Flipchart-Block).

Wir wählen die klassische chronologische Struktur
GHM. Wir erläutern die vergangenen Tätigkeiten und
die Richtung, in die wir künftig gehen möchten.

## THEMEN NOTIEREN

**Notieren** Sie Ihre einzelnen Themenblöcke jeweils auf einem Post-it. Kleben Sie sie auf das erstellte Struktur-Blatt

An dieser Stelle malst du die Struktur auf ein Flipchart. Vergiss dabei nicht, die Eröffnung und den Abschluss neben dem Hauptteil hinzuzufügen. Notiere deine Inhalte am besten auf Post-its oder Stattys und klebe diese an die entsprechende Position deiner Struktur.

| Eröffnung | Zitat, Botschaft |
|---|---|
| Gestern | Glaubwürdigkeit: Konnten unsere Innovationskraft unter Beweis stellen; Argumente: Klimawandel (Emotion: Sorge) |
| Heute | Förderungen durch Klimafond; Geschichte: Zufriedenheit (Sorge wird genommen); Geschichte: Stolz |
| Morgen | Informationen: » Modifizierung Straßenbeleuchtung » Umbau Volksschule |
| Abschluss | Geschichte: Vorfreude Letzter Satz: Das größte Geschenk ... |

## DURCH KÖRPERSPRACHE PUNKTEN

» Weniger Schnee in Skigebieten – Erweitern durch: weniger Schnee in den **oberen** Lagen und kaum Schnee in den **unteren** Lagen.

» Beispiel aus der Argumetation: Wir (Hinterdupfing) sind zwar nur ein kleines Skigebiet, jedoch ~~gehen~~ **sinken** unsere Gästezahlen aufgrund des Schneemangels ~~zurück~~, gleichzeitig **erhöht** sich der Energiebedarf zur Schneeerzeugung jährlich um 4 %.

» Das Projektteam, allen voran die Projektleiter der Firma XYZ und ich als Bürgermeister, haben drei (mit Finger zeigen) verschiedene Szenarien über die Zukunft von Hinterdupfing durchgespielt.

**OBEN**

**UNTEN**

An dieser Stelle hebst du Wörter, die Raum verwenden, hervor. Wörter, die durch bessere Wörter ersetzt werden können, ersetzt du. Die Körpersprache verbessert sich, wenn du beispielsweise von „sinken" sprichst anstelle von „zurückgehen".

ruktur auf ein großes Blatt Papier auf (z.B. Flipchart-Block.)

**INHALTE POLIEREN**

Verwenden Sie Wörter, die **Raum** einnehm
herzustellen (steigen, fallen, heben, innen,
Verantwortung).

Überlegen Sie sich, wie Ihre Elemente **sprachlich** formulieren können.
Bleiben Sie dabei ganz natürlich! Erstellen Sie logische **Überleitungen**
..., um Ihren **Redefluss** zu optimieren.

**BÜHNENPOSITION E**

| | |
|---|---|
| **Eröffnung** | [...] Innovation ist eine Investition in unsere Kinder. |
| **Übergang** | Kommentar: Übergang bereits mehr als perfekt. |
| **Gestern** | Konnten unsere Innovationskraft bereits unter Beweis stellen. [...] Wir möchten den Kindern nicht nur die Nachteile des Klimawandels vererben, sondern möchten ihn zu unserem Vorteil nutzen. Erneuerbare Energien reduzieren den Treibhauseffekt und sparen gleichzeitig laufende Kosten. |
| **Übergang** | Wir können also mit einer Investition unsere laufen-den Kosten reduzieren und werden gleichzeitig vom ... |
| **Heute** | ... Land und dem Klimafond mit x-tausend Euro zur Realisierung unterstützt. [...]Wir sind nicht nur zufrieden, sondern auch stolz, weil dieses Projekt auch vom gesamten Gemeinderat aller Fraktionen in großer Übereinstimmung bewilligt und unterstützt wird. |
| **Übergang** | Gemeinsam haben wir einige Vorhaben beschlossen. |
| **Morgen** | Sehen wir uns die Vorhaben nun im Detail an. [...] Der angestrebte Wert von 0,32 $W/m^2K$ entspricht der Dicke einer mehr als doppelt so dicken Holzwand von 43 cm. Oder einer gut gedämmten Wand. |
| **Übergang** | Lassen Sie uns nicht länger warten. Starten wir in die Zukunft. |
| **Abschluss** | Der Spatenstich zum Umbau der Volksschule und zur modernen Sanierung des über 50 Jahre alten Gebäudes ist erfolgt. Wir freuen uns über jeden Baufortschritt und können es kaum erwarten, die Volksschule pünktlich zum neuen Schuljahr zu eröffnen. |

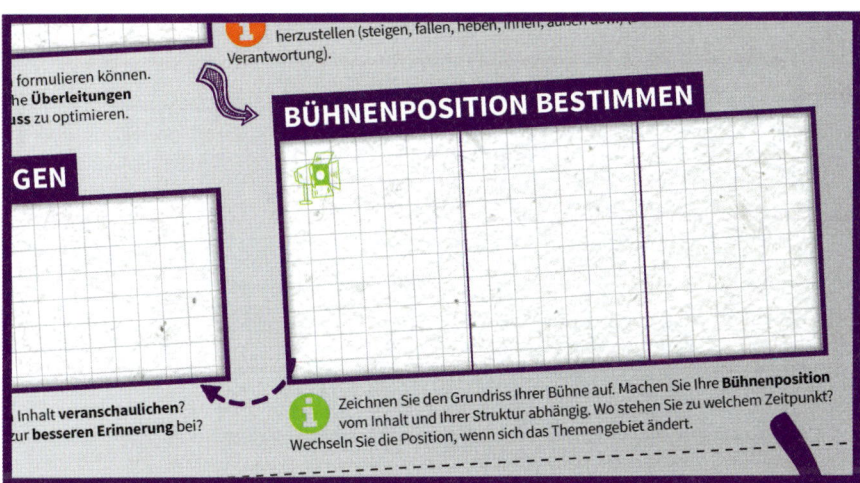

## BÜHNENPOSITION BESTIMMEN

herzustellen (steigen, fallen, heben, innen, außen usw.) (...Verantwortung).

formulieren können.
he **Überleitungen**
uss zu optimieren.

GEN

Inhalt **veranschaulichen**?
zur **besseren Erinnerung** bei?

Zeichnen Sie den Grundriss Ihrer Bühne auf. Machen Sie Ihre **Bühnenposition** vom Inhalt und Ihrer Struktur abhängig. Wo stehen Sie zu welchem Zeitpunkt? Wechseln Sie die Position, wenn sich das Themengebiet ändert.

## BÜHNENPOSITION

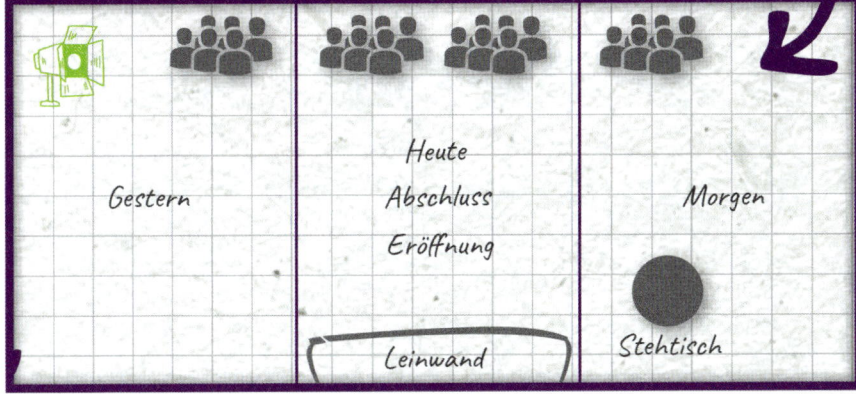

Gestern

Heute
Abschluss
Eröffnung

Leinwand

Morgen

Stehtisch

Durch welche Bilder und Gegenstände können Sie Ihren Inhalt **veranschaulichen**?
Wo tragen Medien (Folien, Flipchart, Whiteboard usw.) zur **besseren Erinnerung** bei?

Wechs

| | Phase | Visuelles Hilfsmittel |
|---|---|---|
| **Eröffnung** | [...]<br>Innovation ist eine Investition in unsere Kinder | Werkkarte<br><br>Eine nützliche Idee. Die Werkkarte ist so dick wie eine Münze, hat unzählige Funktionen und dient als Werkzeug für alle Fälle.<br>Man könnte die Werkkarte auch gut als Gegenstand mitbringen (mehr Wirkung!) und erzählen, was sie bedeutet, was sie kann und warum sie für Innovation steht: Die Karte ist innovativ, weil sie auf wenig Fläche viele Funktionen bietet und perfekt und leicht zu transportieren ist. An dieser Stelle würden viele Menschen eine eher langweilige Folie mit einer Glühbirne als Motiv zeigen, zum Beispiel diese: |

Okay, das ist besser als nur Bullet Points, aber das Thema hier ist doch Innovation – und ist eine Glühbirne[76] wirklich innovativ? Nein!

Konnten unsere Innovation bereits unter Beweis stellen.
[...]
Wir möchten den Kindern nicht nur die Nachteile des Klimawandels vererben, sondern möchten ihn zu unserem Vorteil nutzen. Erneuerbare Energien reduzieren den Treibhauseffekt und senken gleichzeitig laufende Kosten.

Wenn man davon ausgeht, dass die Bevölkerung das Haus kennt, ist eine Folie mit einem Bild dieses Hauses wenig sinnvoll. Man könnte einfach nur auf den örtlichen Feuerwehrkommandanten zeigen, um eine gewisse Wirkung zu erzeugen. Kennen die Menschen das Gebäude jedoch nicht, wäre ein Bild dieses Gebäudes eine willkommene visuelle Unterstützung.
[...]
Ich bevorzuge das Flipchart zur Visualisierung von Argumenten, wie etwa die Klimaargumente.

Auch eine PowerPoint-Folie wäre denkbar. Von klassischen Bullet Points rate ich jedoch ab. Verwende ein Bild und trage deine Stichworte ein. Lasse die Stichworte nacheinander erscheinen, jeweils in dem Moment, in dem du davon sprichst.[77]

Waldbrandgefahr
Körperliche Beschwerden
Fehlender Schnee
Höherer Energiebedarf

| | | |
|---|---|---|
| **Heute** | Wir können also mit einer Investition unsere laufenden Kosten reduzieren und werden gleichzeitig vom Land und dem Klimafond mit 400 000 Euro zur Realisierung unterstützt.<br><br>[…]<br>Wir sind nicht nur zufrieden, sondern auch stolz, weil dieses Projekt vom gesamten Gemeinderat aller Fraktionen in großer Übereinstimmung bewilligt und unterstützt wird. | Es lohnt sich nicht, die Zahl 400 000 an die Wand zu projizieren, da die Merkfähigkeit dadurch nicht unbedingt erhöht wird. Ein Herunterbrechen der Zahl würde allerdings eine gute visuelle Unterstützung bieten. Also zurück zum Schritt »Analogie & Assoziation«: 400 000 Euro – das entspricht bei einer Bauzeit von einem Jahr ca. 1100 Euro Förderung täglich.<br><br>[…]<br>Übereinstimmung im Gemeinderat muss nicht visualisiert werden. |
| **Morgen** | Sehen wir uns die Vorhaben nun im Detail an.<br>[…]<br>Der angestrebte Wert von 0,32 W/m²K entspricht der Dicke einer mehr als doppelt so dicken Holzwand von 43 cm. Oder einer gut gedämmten Wand. | Als visuelles Element eignet sich hier eine vom Architekturbüro erstellte Darstellung, wie die Schule künftig aussehen wird. |
| **Abschluss** | Der Spatenstich zum Umbau der Volksschule und zur Sanierung des über 50 Jahre alten Gebäudes ist erfolgt. Wir freuen uns über jeden Baufortschritt und können es kaum erwarten, die Volksschule pünktlich zum neuen Schuljahr zu eröffnen.<br>[…] | Als Visualisierungsmittel könnte der Schlüssel der Volksschule dienen, der vom Bauherrn an den Direktor übergeben wird. |

## Inhalt merken

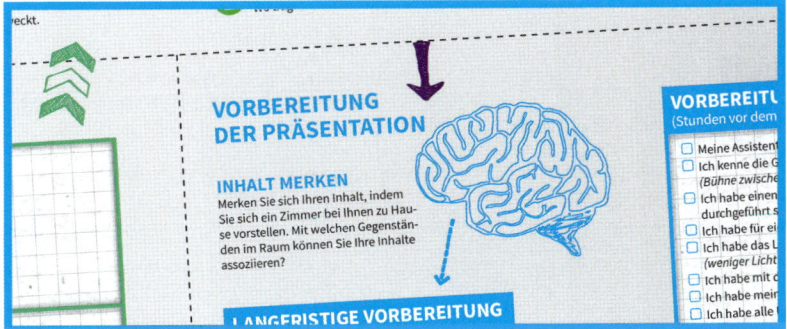

Um mir den Inhalt einprägen zu können, überlege ich mir im ersten Schritt, welche Räume dafür infrage kommen. Anzubieten habe ich Wohnzimmer, Küche und Schlafzimmer – es kann aber durchaus auch einmal der Vorraum (Flur) oder das Badezimmer sein. Dann überlege ich mir Gegenstände, die ich assoziieren kann.

Zum ersten Zitat – »Innovationen werden anfangs maßlos überschätzt, auf Dauer aber maßlos unterschätzt« – fallen mir spontan Microsoft oder eine CD-ROM ein, da dieses Zitat von einer Microsoft-Führungskraft stammt. Bei der Botschaft mit der Werkkarte muss ich an mein Fahrrad denken, da es eine eigene Werkkarte für Fahrräder gibt. Mir fällt für beides – Zitat und Botschaft – mein Vorraum als Ort ein, da ich dort in einer Schublade die Installations-CD meines Druckers und in einer anderen mein Reserve-Fahrradschloss aufbewahre.

Ich schreibe mir nun die weiteren Assoziationen auf, ohne mir zunächst Gedanken über den Raum zu machen:

- Feuerlöscher beim Feuerwehrgebäude, wenn es darum geht, die Innovationskraft unter Beweis zu stellen
- die Winterjacke, wenn es um den Klimawandel geht
- mein Münzlager in der Schublade, wenn es um Geld geht
- meine Hängelampe im Outdoor-Look, wenn es um die Straßenbeleuchtung geht

- die Kleiderhaken, wenn es um die Schule geht, da mich diese an die Kleiderhaken in der Schulgarderobe erinnern
- der Gutschein an der Pinnwand, wenn es um Vorfreude geht (Ich freue mich ja darauf, ihn einzulösen.)

Mit dem Feuerlöscher als Assoziationsobjekt bin ich noch nicht ganz zufrieden, da er sich im Treppenhaus befindet. Die Assoziationsobjekte sollten in einem Raum sein, damit man sie im Kopf einfach durchgehen kann, ohne sich gedanklich woanders hinbewegen zu müssen. Man sollte sich nicht extra merken müssen, wo sie sich befinden, denn dann vergisst man mit Sicherheit ein Assoziationsobjekt. Ich stelle mich also in den Vorraum und überlege mir, welcher Gegenstand sich als Assoziationsobjekt für die Feuerwehr eignen würde – und sehe auf der Rückseite der Glastür, die ins Schlafzimmer führt, meine Skilatzhose hängen. Ich erkenne die Parallele zu den Hosen der Feuerwehrleute: Es gab in meiner Zeit bei der Jugendfeuerwehr ähnliche Hosen.

Nun fehlt lediglich eine Assoziation für die verschiedenen Szenarien bzw. die Einstimmigkeit im Gemeinderat. Ich begebe mich noch einmal in den Vorraum und finde zunächst nichts Passendes. Ich erinnere mich an die amtliche Wahlinformation und pinne diese gut sichtbar an die Pinnwand, damit ich dieses Objekt nicht vergesse. Die Wahlinformation mit meinem Stimmzettel sollte mich an die Einstimmigkeit im Gemeinderat erinnern.

Nun, da ich alle Gegenstände beisammen habe, gehe ich diese und die Assoziationen immer wieder im Kopf durch.

| | Redeelement | Vorraum |
|---|---|---|
| **Eröffnung** | Zitat | Microsoft → Drucker-CD in der zweiten Schublade |
| | Botschaft | Fahrradschloss |
| **Gestern** | Glaubwürdigkeit: Wir konnten unsere Innovationskraft unter Beweis stellen | Skianzug |
| | Argumente: Klimawandel (Emotion: Sorge) | Winterjacke |
| **Heute** | Förderungen durch Klimafond | Geld in der ersten Schublade |
| | Geschichte: Zufriedenheit / Stolz | Wahlinformation |
| **Morgen** | Informationen: Modifizierung Straßenbeleuchtung / Umbau Volksschule | Lampe / Kleiderhaken |
| **Abschluss** | Geschichte: Vorfreude Letzter Satz: Das größte Geschenk … | Der Gutschein an der Pinnwand |

Wenn du erst einmal ein, zwei Assoziationsobjekte gefunden hast, fällt dir auch schnell der Raum ein, in dem sie sich befinden. Danach bewegst du dich physisch oder gedanklich durch diesen Raum und suchst nach weiteren Objekten. Bei der Herleitung dieser Objekte sind deiner Kreativität keinerlei Grenzen gesetzt – sie muss für dich einfach nur logisch sein. So hat mich ein kleines Papierchaos auf dem Frühstückstisch an die Auditabteilung erinnert und ein klappbarer Ikea-Tisch mit Schubladen an eine Agenda.

Nun solltest du die Präsentation im Kopf und dann »live und in Farbe« mehrmals durchgehen und anschließend die Vorbereitungsschritte einbeziehen. Diese letzten Schritte sind im Hauptkapitel »Teil 3: Die Präsentation vorbereiten« genau erklärt. Du kannst die jeweilige Checkliste auch gern um für dich relevante Punkte erweitern oder sie kürzen.

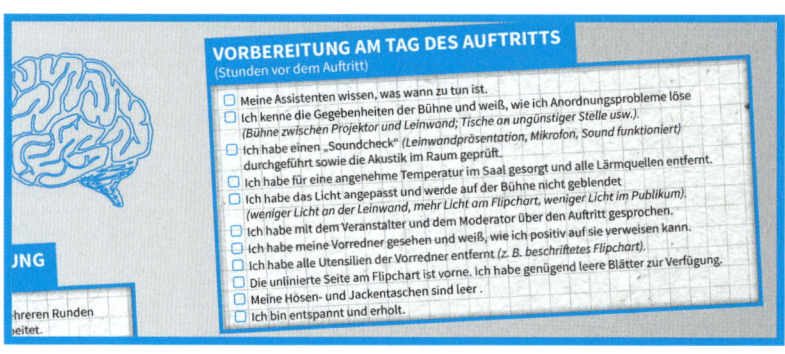

### VORBEREITUNG AM TAG DES AUFTRITTS
(Stunden vor dem Auftritt)

- [ ] Meine Assistenten wissen, was wann zu tun ist.
- [ ] Ich kenne die Gegebenheiten der Bühne und weiß, wie ich Anordnungsprobleme löse *(Bühne zwischen Projektor und Leinwand; Tische an ungünstiger Stelle usw.).*
- [ ] Ich habe einen „Soundcheck" *(Leinwandpräsentation, Mikrofon, Sound funktioniert)* durchgeführt sowie die Akustik im Raum geprüft.
- [ ] Ich habe für eine angenehme Temperatur im Saal gesorgt und alle Lärmquellen entfernt.
- [ ] Ich habe das Licht angepasst und werde auf der Bühne nicht geblendet *(weniger Licht an der Leinwand, mehr Licht am Flipchart, weniger Licht im Publikum).*
- [ ] Ich habe mit dem Veranstalter und dem Moderator über den Auftritt gesprochen.
- [ ] Ich habe meine Vorredner gesehen und weiß, wie ich positiv auf sie verweisen kann.
- [ ] Ich habe alle Utensilien der Vorredner entfernt *(z. B. beschriftetes Flipchart).*
- [ ] Die unlinierte Seite am Flipchart ist vorne. Ich habe genügend leere Blätter zur Verfügung.
- [ ] Meine Hösen- und Jackentaschen sind leer.
- [ ] Ich bin entspannt und erholt.

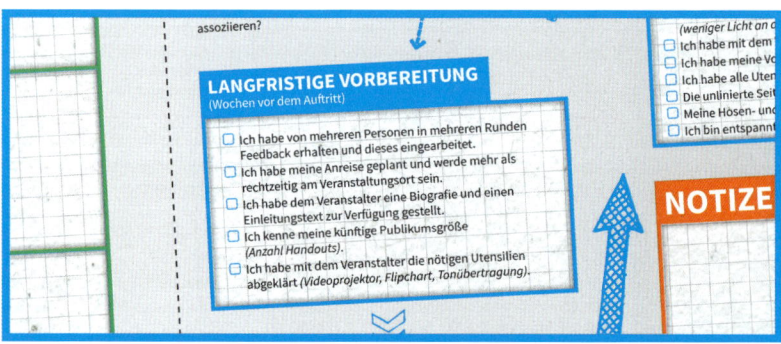

### LANGFRISTIGE VORBEREITUNG
(Wochen vor dem Auftritt)

- [ ] Ich habe von mehreren Personen in mehreren Runden Feedback erhalten und dieses eingearbeitet.
- [ ] Ich habe meine Anreise geplant und werde mehr als rechtzeitig am Veranstaltungsort sein.
- [ ] Ich habe dem Veranstalter eine Biografie und einen Einleitungstext zur Verfügung gestellt.
- [ ] Ich kenne meine künftige Publikumsgröße *(Anzahl Handouts).*
- [ ] Ich habe mit dem Veranstalter die nötigen Utensilien abgeklärt *(Videoprojektor, Flipchart, Tonübertragung).*

**NOTIZE**

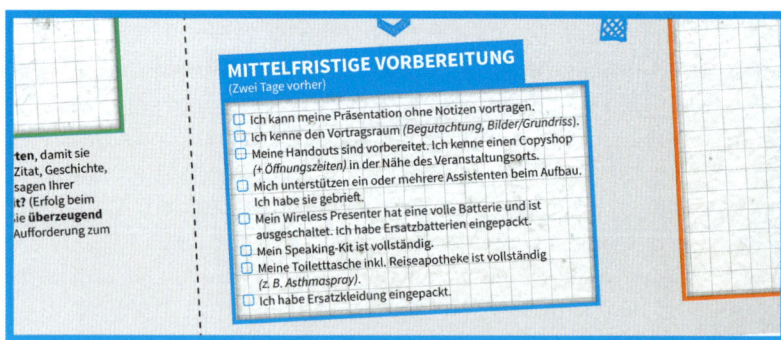

### MITTELFRISTIGE VORBEREITUNG
(Zwei Tage vorher)

- [ ] Ich kann meine Präsentation ohne Notizen vortragen.
- [ ] Ich kenne den Vortragsraum *(Begutachtung, Bilder/Grundriss).*
- [ ] Meine Handouts sind vorbereitet. Ich kenne einen Copyshop *(+ Öffnungszeiten)* in der Nähe des Veranstaltungsorts.
- [ ] Mich unterstützen ein oder mehrere Assistenten beim Aufbau. Ich habe sie gebrieft.
- [ ] Mein Wireless Presenter hat eine volle Batterie und ist ausgeschaltet. Ich habe Ersatzbatterien eingepackt.
- [ ] Mein Speaking-Kit ist vollständig.
- [ ] Meine Toilettasche inkl. Reiseapotheke ist vollständig *(z. B. Asthmaspray).*
- [ ] Ich habe Ersatzkleidung eingepackt.

# Speech-Pad-Iterationen

## Welche Version präsentierst du?

Speech Pad dient dir als Weg zur gelungenen Präsentation. Je öfters du diesen Weg gehst, desto trittsicherer wirst du sein. Wenn du eine Präsentation in der ersten Version erstellt hast, hat sie eine gewisse Qualität. Um diese zu erhöhen, kannst du dir Feedback von Freunden und Kollegen einholen, denen du die Präsentation einmal vorträgst. Zudem kannst du dich mit deinem Präsentationskonzept selbst kritisch befassen, was die Qualität weiter erhöht.

Ich denke beispielsweise an die Botschaft. Eine Botschaft entwickelt sich durch neue Erkenntnisse weiter. Du wirst dein Thema in Bezug auf dein Publikum noch viel besser einschätzen können, wenn du im Rahmen einer Veranstaltung ein zweites Mal darüber sprichst. Auch dein Publikum wirst du beim zweiten Mal besser verstehen. Zudem wirst du den Nutzen noch besser beurteilen und benennen können, nachdem du ein erstes Feedback erhalten hast.

Auch die Plausibilität deiner Argumente erkennst du erst nach den Diskussionen mit dem Publikum. Das Gleiche gilt für Emotionen. Beobachte die Reaktionen deiner Zuhörer und beurteile im Nachgang, ob sie so ausgefallen sind, wie du es dir gewünscht hast. Die Qualität deiner Performance erkennst du, wenn du dir Videoaufnahmen von deinem Auftritt anschaust. Menschen sind sich selbst gegenüber die härtesten Kritiker. Daher kannst du auf dein eigenes Feedback vertrauen und es direkt umsetzen. Nutze dieses Feedback und erstelle eine weitere Version deiner Präsentation, indem du die Inhalte optimierst. Das wird die Qualität enorm erhöhen.

Es kann sogar sein, dass du manche Elemente und Passagen komplett herausstreichst und neue, die besser passen, hinzufügst. Den Status der perfekten Präsentation erreichen nur ganz wenige. Aber es lohnt sich, beständig daran zu arbeiten. Plane immer wieder genügend Zeit dafür ein.

## Wir können an uns arbeiten

Speech Pad eignet sich hervorragend, um Präsentationen auszuarbeiten. Aber was ist, wenn man keine Zeit hat, die perfekte Präsentation vorzubereiten – zum Beispiel in Interviews oder bei Spontanvorträgen? Um einen spontanen Vortrag dennoch in der Qualität einer Speech-Pad-Präsentation zu halten, sollten wir an den einzelnen Elementen individuell arbeiten. Die Übungen am Ende der einzelnen Schritte eignen sich sehr gut dafür. Das eigentliche »Training« geht jedoch erst los, nachdem du dieses Buch durchgearbeitet hast.

Ein persönliches Beispiel: Als Österreicher habe ich es gegenüber meinen deutschen Mitmenschen nicht so leicht. Ich spreche nun mal einen gewissen Dialekt. Manche Wörter verschlucke ich einfach. Die Frage ist nun: Wie kann ich meine Artikulation verbessern?

Vor einiger Zeit las ich Sophie, der Tochter einer Freundin, ein Kapitel des Buchs »Die Omama im Apfelbaum« vor. Es handelt von einem Ausflug mit der Omama, in dem viel wörtliche Rede vorkommt, da sich die Omama und ihr Enkel Andi sehr gerne miteinander unterhalten. Ich merkte dabei, dass dies eine hervorragende Artikulationsübung war, weil ich beim Vorlesen deutlich und klar sprechen musste. Gleichzeitig habe ich Sophie eine Freude bereitet. Die Verbesserung der Artikulation kann somit relativ einfach in mein tägliches Leben integriert werden.

Wie sieht es mit der Botschaft oder der Argumentation aus? »Auf den Punkt kommen« sollten wir täglich – dafür gibt es in unserem Alltag viele Gelegenheiten. Wenn du eine Zeitung oder einen Blog liest, kannst du dir am Ende jedes Beitrags die Frage stellen, was der Autor dir genau mitteilen wollte. Frage dich, ob der Beitrag eine klare Botschaft übermittelt – und falls ja, welche. So entwickelst du ein Gefühl für Botschaften und es wird dir immer besser gelingen, sie in den jeweiligen Situationen herauszuhören.

Durch die beständige Beschäftigung sollten dir die einzelnen Schritte von Speech Pad mit der Zeit in Fleisch und Blut übergehen – und die Mühe lohnt sich!

Noch eine wichtige Information: Speech Pad gibt es auch digital – unter dem Namen Pitch5 (www.pitch5.io)! Dabei handelt es sich um eine Web-App, die den Lesern einen klaren Mehrwert bietet. Wir haben dafür eine Software entwickelt, die (fast) genauso gut ist wie ein Präsentationstrainer, basierend auf dem Speech-Pad-Modell. Mit diesem Buch bekommst du einen kostenlosen Premiumtestzugang: #High5 mit #Pitch5!

# Anhang

Einige nützliche Dokumente und Vorlagen findest du auf meiner Webseite

www.speechpad-buch.com/downloads

 Sie sind jeweils mit diesem Symbol gekennzeichnet.

Der Code lautet »cicero«.

# Best-Practice-Tipps

### Fragen an den Veranstalter (Muster)

 Versuche die Fragen in der Checkliste zu beantworten bzw. die nötigen Informationen zu erhalten. Streiche die Fragen, die für den aktuellen Auftritt nicht relevant sind.

## ✔ CHECKLISTE

| | | Ja | Nein |
|---|---|:---:|:---:|
| 1. | Senden Sie mir bitte Bilder und eine Skizze des Veranstaltungsraums zu. | ☐ | ☐ |
| 2. | Steht ein Projektor zur Verfügung? | ☐ | ☐ |
| 3a. | Ist es möglich, Ihnen die Präsentation auf einem USB-Stick zu geben? | ☐ | ☐ |
| 3b. | Kann ich mein eigenes Tablet oder Notebook an den Projektor anschließen? | ☐ | ☐ |
| 3c. | Welche Grafikanschlüsse hat Ihr Projektor? HDMI ☐   VGA ☐   DVI ☐   Sonstiges: ____ | | |
| 4. | Kann ich meine eigene Wireless-Remote-Control verwenden? | ☐ | ☐ |
| 5. | Welches Format und welche Auflösung hat der Projektor? 4:3 ☐   16:9 ☐   Sonstiges: ____ | | |
| 6. | Gibt es ein Flipchart? | ☐ | ☐ |
| 7. | Steht dafür ein neuer Block mit unlinierten Blättern zur Verfügung? | ☐ | ☐ |
| 8. | Steht eine Moderationswand (mobile Pinnwand) zur Verfügung? | ☐ | ☐ |
| | Wenn ja, wie groß ist diese? ____ | | |

| | | |
|---|---|---|
| 9a. | Wird meine Stimme über einen Lautsprecher übertragen? | ☐ ☐ |
| 9b. | Welches Mikrofon steht zur Verfügung? | |
| | Headset | ☐ ☐ |
| | Knopfmikrofon | ☐ ☐ |
| | Klassisches Mikrofon | ☐ ☐ |
| | anderes | ☐ ☐ |
| 10. | Steht ein Audiosystem zur Verfügung? | ☐ ☐ |
| 11. | Hat das Audiosystem mehrere Eingänge? | ☐ ☐ |
| 12. | Hat das Audiosystem mehrere Ausgänge? | ☐ ☐ |

## Erklärung zur Checkliste

*1) Senden Sie mir bitte Bilder und eine Skizze des Veranstaltungsraums zu.*
Damit kannst du einschätzen, wie der Vortragssaal aussieht und darauf aufbauend planen.

*2) Steht ein Projektor zur Verfügung?*
Die grundlegendste Frage überhaupt: Wird vom Veranstalter ein Projektor zur Verfügung gestellt? Dies ist natürlich abhängig von der Veranstaltung und der Situation. Falls es keinen Projektor gibt, kannst du dein eigenes Gerät mitbringen oder versuchen, die Präsentation ohne Folien zu halten. Wenn du deinen eigenen Projektor mitbringst, solltest du klären, worauf du projizierst und ob die Fläche für alle gut zu sehen ist.

*3a) Ist es möglich, Ihnen die Präsentation auf einem USB-Stick zu geben?*

*3b) Kann ich mein eigenes Tablet oder Notebook an den Projektor anschließen?*
Je nach persönlichem Geschmack kannst du eine der Fragen strei-

chen. Für den Fall, dass du dein eigenes Notebook nicht anschließen kannst, stelle dem Veranstalter die Präsentation auf einem Stick zur Verfügung. Stelle im Vorfeld sicher, dass er das verwendete Dateiformat öffnen und wiedergeben kann (z. B. können Präsentationen, die mit Apple Keynote erstellt wurden, nicht auf einem Windows-Computer laufen).

*3c) Welche Grafikanschlüsse hat Ihr Projektor?*
Diese Frage solltest du klären, falls du dein eigenes Notebook mitbringst. Die Grafik-Schnittstellen entwickeln sich immer weiter. Heute ist der modernste Anschluss HDMI. Die Projektortypen in Vortragssälen variieren jedoch zwischen sehr alt und absolut modern. Bringe entweder alle gängigen Adapter mit (insbesondere bei Apple-Computern) oder kläre den verfügbaren Grafikanschluss vorher mit dem Veranstalter ab.
Eventuell solltest du dir noch folgende Fragen stellen: Welches Kabel stellt dir der Veranstalter zur Verfügung? Muss eine Kabelstrecke von mehreren Metern hinterlegt werden oder ist das Kabel fix im Saal installiert? In der Regel kannst du nur auf das vom Veranstalter zur Verfügung gestellte Kabel zurückgreifen.

*4) Kann ich meine eigene Wireless-Remote-Control verwenden?*
Ich versuche, wann immer möglich, meine eigene Fernbedienung für den Projektor zu verwenden. Der Vorteil: Man weiß, ohne nachzudenken, wie die einzelnen Tasten funktionieren. Wenn du eine andere Fernbedienung benutzen musst, kläre ab, wie diese funktioniert, und vor allem, ob sie mit deinem Computer kompatibel ist. Es wäre fatal, sich auf Funktionen zu verlassen, über die die fremde Fernbedienung gar nicht verfügt!

*5) Welches Format und welche Auflösung hat der Projektor?*
In den meisten Fällen kann der Computer die Auflösung der Präsentation an die des Projektors anpassen. Wenn die Auflösungen nicht übereinstimmen, kann es zu einem verzerrten Bild kommen. Kläre daher das Format und die optimale Auflösung ab, um die Präsentation entsprechend anpassen zu können.

*6) Gibt es ein Flipchart?*

*7) Steht dafür ein neuer Block mit unlinierten Blättern zur Verfügung?*
Achte darauf, dass genügend Blätter zur Verfügung stehen (oder bringe zur Sicherheit immer deinen eigenen Block mit). Falls die Blätter doch eine Linie haben, kannst du sie einfach umdrehen. Linien schränken dich sehr in deiner Gestaltungskraft ein und wirken oft monoton. Stifte solltest du immer selbst dabeihaben. Dann weißt du sicher, dass sie gut schreiben.

*8) Steht eine Moderationswand (mobile Pinnwand) zur Verfügung, und wenn ja, wie groß ist diese?*
Veranstaltungsräume sind wesentlich seltener mit Moderationswänden ausgestattet als mit Projektoren und Flipcharts. Sofern du etwas an die Wand pinnen möchtest, kläre ab, ob eine Wand dieser Art zur Verfügung steht. (Wenn nicht, bringe einfach deine eigene Moderationswand mit.) Kläre die Höhe und Breite der Moderationswand ab, sofern du etwas Spezielles mit fixer Größe anpinnen möchtest.

*9a) Wird meine Stimme über einen Lautsprecher übertragen?*
Ob deine Stimme über Lautsprecher übertragen wird, wirkt sich auf die Bewegungen aus, die du möglicherweise für deinen Auftritt eingeplant hast – und natürlich auf die Optik, wenn dein Vortrag aufgezeichnet wird.

*9b) Welches Mikrofon steht zur Verfügung?*
Die Art des Mikrofons wirkt sich auf die Optik aus und auf deine persönliche Bewegungsfreiheit. Für ein klassisches Mikrofon musst du beispielsweise eine Hand freihaben.

*10) Steht ein Audiosystem zur Verfügung?*
Sofern du eigene Musik oder andere Geräusche einspielen möchtest, kläre ab, ob ein Audiosystem zur Verfügung steht, auf das du zurückgreifen kannst.

*11) Hat das Audiosystem mehrere Eingänge?*

Es würde unprofessionell wirken, wenn du zwischen deinem Mikrofon und der anderen Audioquelle umstecken müsstest, weil es nur einen Eingang gibt. In dem Fall solltest du eher auf eigenen Ton verzichten. Umstecken würde auch bedeuten, dass deine Stimme nicht mehr über den Lautsprecher übertragen werden kann.

Eine Alternative ist ein eigenes Lavaliermikrofon. Zeichne damit deinen Audiokanal auf. (Anmerkung: Ein eigenes Funkmikrofon könnte die Funkfrequenz der Audioanlage des Veranstalters stören.)

*12) Hat das Audiosystem mehrere Ausgänge?*

Wenn du deinen Vortrag auf Video aufzeichnen möchtest, benötigt das Audiosystem einen zweiten Ausgang. Falls dieser nicht zur Verfügung steht, brauchst du ein zweites Mikrofon.

## Die zehn »A« der Rhetorik

Sehr dringend möchte ich dir die folgenden rhetorischen Stilmittel empfehlen, die dabei helfen, deinen Auftritt unvergesslich zu machen.

**Alliteration:** Die Alliteration ist ein Stilmittel, das in zahlreichen Texten auftaucht und häufig in der Werbung zum Einsatz kommt. Es handelt sich dabei um eine Wortfolge, bei der alle Wörter den gleichen Anfangslaut besitzen.

Beispiele:

*»Mit Mann und Maus.«*

*»Milch macht müde Männer munter.«*

*»Actimel aktiviert Abwehrkräfte.«*

*»Veni, vidi, vici!«*

**Amphibolie:** Die Amphibolie bezeichnet eine Doppel- bzw. Mehrdeutigkeit, ein Wortspiel oder einen pointierten Doppelsinn aufgrund eines grammatischen Aufbaus. Sie wird des Öfteren in der Werbung verwendet.

Beispiele:

*»Mercedes-Benz – Ihr guter Stern auf allen Straßen«*
*»Der ideale Platz zum Surfen« (Werbung, Debitel, Bild: Laptop am Strand)*

**Amplificatio:** Die Amplificatio ist eine Figur der gedanklichen Häufung oder Ausweitung einer Aussage über das zum Verständnis der Aussage Nötige hinaus. Dies kann z. B. durch wiederholtes Betrachten eines Fakts unter verschiedenen Gesichtspunkten und das ausführliche Ausmalen von Einzelaspekten geschehen.

Beispiel:

*»Die Realität lügt, denn die Realität ist nicht realistisch. Es gibt nur eine Realität, die Ewigkeit.« (Eugène Ionesco)*[78]

**Anadiplose:** Die Anadiplose ist ein rhetorisches Stilmittel, bei dem das letzte Wort eines Satzes das erste Wort des folgenden Satzes bildet. Es dient dazu, Zusammenhänge zu veranschaulichen und die Botschaft zu verstärken.

Struktur: A … B. B … C. C … D.

Beispiele:

*»Begeisterung ist Leidenschaft. Leidenschaft ist Liebe. Liebe ist Hingabe.«*
*»Was lange wirkt, wirkt wirklich gut.« (Aleve)*
*»Alpquell ist Tirol. Tirols reine Seele. (Alpquell)*

**Anapher** (+ Epipher): Die Anapher ist ein rhetorisches Stilmittel, das sich durch Wortwiederholung (einfach und mehrfach) am Beginn verschiedener Sätze oder Absätze auszeichnet. Sie dient dazu, Texten eine Struktur zu geben und Aufmerksamkeit zu erregen. Die Epipher funktioniert genau umgekehrt. Bei ihr finden sich die sich wiederholenden Wörter am Ende.

Beispiel Anapher (Struktur: A …, A …):

*»Carglass repariert, Carglass tauscht aus.«*

Beispiel Epipher (Struktur: …A, …A):

*»Das Paradies besteht nicht in einem besonderen Inhalt des Lebens, sondern in einer neuen Art des Lebens.« (Johannes Müller)*[79]
*»Schmeckt anders. Ist anders.« (28 Black)*

**Antimetabole:** Der Begriff Antimetabole kommt aus dem Griechischen und lässt sich mit »Umänderung« oder »Vertauschung« übersetzen. Er bezeichnet das Wiederholen von Wörtern in zwei gleich gebauten Sätzen in umgekehrter Reihenfolge.[80] Durch die Antimetabole wird das Letztgesagte intensiviert und unterstrichen. Den ersten Teil der Antimetabole kannst du zur Redeeröffnung als ersten Satz anwenden (A-B) und den zweiten Teil als Abschlusssatz (B-A). Dadurch intensivierst du den Satz, den du zur Eröffnung gesagt hast, und dem Zuhörer wird klar, dass du ans Ende gelangt bist.

Struktur: A-B, B-A

Beispiele:

*»Wir leben nicht, um zu essen, sondern wir essen, um zu leben.«*
*(Sokrates)*

*»Es ist nicht das Bewusstsein der Menschen, das ihr Sein, sondern*
*umgekehrt ihr gesellschaftliches Sein, das ihr Bewusstsein bestimmt.«*
*(Karl Marx)*[81]

*»Was schön ist, ist gut, und wer gut ist, wird auch bald schön sein.«*
*(Sappho)*[82]

**Antithese:** Die Antithese zählt zu den markantesten Stilmitteln und lässt sich in Texten aller Art finden. Sie ist eine Gegenbehauptung (These = Behauptung) oder eine Zusammenstellung entgegengesetzter Begriffe.

Beispiel:

*»Ein kleiner Schritt für einen Menschen, ein großer Schritt für die*
*Menschheit.« (Neil Armstrong)*

**Aphorismus** (Zitat): Zitate sind meist kurze Texte von bekannten Persönlichkeiten, die in einem Zusammenhang wiedergegeben werden. Aphorismen sind Texte von bekannten oder unbekannten Persönlichkeiten, die ohne Zusammenhang einen Sinnspruch darstellen. Oft haben sie sich als Volksweisheit etabliert.

Beispiel Zitat:

*»Es hört doch jeder nur, was er versteht.« (Johann Wolfgang von*
*Goethe)*[83]

Beispiel Aphorismus:

*»Die Zeit wartet auf niemanden.«*

**Assonanz:** Die Assonanz ist eine Reimform der Rhetorik. Sie begegnet uns hauptsächlich in lyrischen Texten, kann jedoch grundsätzlich in Werken aller Art auftauchen. Die Assonanz ist ein vokalischer Halbreim; das bedeutet, dass sich in benachbarten Wörtern ein Gleichklang der Selbstlaute (Vokale: a, e, i, o, u, ä, ö, ü, eu, au) findet.

Beispiel:

*»Geiz ist geil« (Saturn)*

**Asyndeton** (Trikolon): Das Asyndeton ist eine unverbundene Aneinanderreihung von Wörtern oder Sätzen gleicher Länge ohne Bindewort. Das Trikolon ist ein Teil des Asyndetons, beschränkt sich jedoch auf drei Silben. Dieses Stilmittel erzeugt Geschwindigkeit, Rhythmus und Dramatik.[84]

Beispiel:

*»Ein Auto. Ein Computer. Ein Mann.« (Knight Rider)*
*»Meine Liebe. Meine Stadt. Mein Verein.« (1. FC Köln)*

# Einsatzzweck der rhetorischen Stilmittel

| | Eröffnung | Abschluss | Übergang | Präsentationstitel | Klang, Geschwindigkeit | Verstärkung Argument | Erklärung / Vereinfachung |
|---|---|---|---|---|---|---|---|
| **Speech-Pad-Stilmittel** | | | | | | | |
| Analogie | | | | | | Ja | Ja |
| Assoziation | | | | | | Ja | Ja |
| Metapher | | | | | | Ja | Ja |
| Rhetorische Frage | Ja | | | | | | |
| **Die zehn »A« der Rhetorik** | | | | | | | |
| Alliteration | | | | Ja | Ja | | |
| Amphibolie | | Ja | | Ja | | Ja | |
| Amplificatio | | | Ja | | Ja | Ja | Ja |
| Anadiplose | | | Ja | | Ja | Ja | |
| Anapher (Epipher) | Ja | Ja | | Ja | Ja | Ja | |
| Antimetabole | Ja* | Ja* | Ja | Ja** | Ja | Ja | Ja |
| Antithese | | Ja | | Ja | Ja | Ja | |
| Aphorismus (Sentenz, Zitat) | Ja | | Ja | | Ja | Ja | |
| Assonanz | Ja | | | Ja | Ja | | |
| Asyndeton (Trikolon) | Ja | Ja | Ja | Ja | Ja | Ja | |

\* In Kombination mit Eröffnung und Schluss
\*\* Untertitel

# Emotionskategorien und Emotions-bereiche in EARL nach HUMAINE[85]

Die Emotionen haben wir absichtlich im englischen Original belassen, um Übersetzungsfehlern vorzubeugen. (So können z.B. »Joy« und »Happiness« mit »Freude« übersetzt werden, aber auch mit »Glück«.)

| Negative & forceful / Negativ & kraftvoll | Positive & lively / Positiv & lebhaft |
|---|---|
| Anger<br>Annoyance<br>Contempt<br>Disgust<br>Irritation | Amusement<br>Delight<br>Elation<br>Excitement<br>Happiness<br>Joy<br>Pleasure |
| **Negative & not in control / Negativ & außer Kontrolle** | **Caring / Fürsorglich** |
| Anxiety<br>Embarrassment<br>Fear<br>Helplessness<br>Powerlessness<br>Worry | Affection<br>Empathy<br>Friendliness<br>Love |
| **Negative thoughts / Negative Gedanken** | **Positive thoughts / Positive Gedanken** |
| Doubt<br>Envy<br>Frustration<br>Guilt<br>Shame | Courage<br>Hope<br>Pride<br>Satisfaction<br>Trust |
| **Negative & passive / Negativ & passiv** | **Quiet positive / Ruhig & positiv** |
| Boredom<br>Despair<br>Disappointment<br>Hurt<br>Sadness | Calm<br>Content<br>Relaxation<br>Relief<br>Serenity |
| **Agitation / Erregung** | **Reactive / Reaktiv** |
| Shock<br>Stress<br>Tension | Interest<br>Politeness<br>Surprise |

Es gibt natürlich noch einige weitere Emotionen, die nicht in dieser Liste aufgeführt sind. Beispielsweise fehlt Wut (engl. fury oder rage). Die Theorie der EARL fasst manche Emotionen zusammen. So fällt zum Beispiel Wut in den Bereich Ärger (anger) und ist daher nicht extra aufgelistet.[86]

# Auflösung:
# Dein persönlicher Werte-Trendtest[87]

Hier findest du die Auflösung deines persönlichen Werte-Trendtests. Die folgenden Werte und Eigenschaften sind Ausprägungen der jeweiligen Entwicklungsstufen. Reflektiere deine Werte und Eigenschaften. Auf der Stufe, der du die Zahl »7« zugeordnet hast, solltest du die meisten deiner Eigenschaften und Werte wiederfinden, auf der Stufe mit der Zahl »1« die wenigsten.

### Der Stammesmensch

- Tradition
- Blutsverwandtschaft
- Brauchtum
- Weitergabe von Überlieferungen
- Heimat
- Rituale
- Respekt von Tabus
- Gehorsam
- Geborgenheit
- Magisch-mystisches Bewusstsein

- Schutz
- Opferbereitschaft
- Bindung
- Gastfreundschaft
- Archaisch-magische Sehnsüchte
- Zugehörigkeit
- Gewohnheit
- Sicherung der Existenz
- Einklang

### Der Einzelkämpfer

- Durchsetzungsvermögen
- Macht
- Mut
- Selbstvertrauen
- Ansehen (Respekt, Hochachtung, Angst)
- Ehre
- Aggression
- Stärke
- Impulsivität
- Dominanz

- Unabhängigkeit
- Eroberung (z. B. neue Märkte)
- Einforderung von Respekt
- Gegenwartsbezogenes, egozentriertes, konkretes Denken
- Tapferkeit
- Persönlicher Erfolg
- Gewinnen um jeden Preis
- Bewunderung der eigenen Person
- Vermeidung von »Schande«

### Der Loyale

- Pflichtbewusstsein
- Qualität
- Recht und Gesetz
- Disziplin
- Schuld und Unschuld
- Stabilität
- Loyalität
- Ordnung
- Zuverlässigkeit
- Kontrolle

- Wahrheit
- Geduld
- Einhalten von Regeln
- Rang/Status
- Klarheit
- Halten an Hierarchien
- Gerechtigkeit
- Sicherheit
- Titel

## Der Erfolgssucher

- Leistung
- Prestige (Statussymbole)
- Verantwortung
- Persönlicher Erfolg + Gesamterfolg
- Status/Statussymbole
- Karriereorientierung
- Wettbewerb
- Produktivität
- Zielorientierung
- Gewinnorientierung
- Prozessorientierung
- Ergebnisorientierung
- Wohlstand
- Herausforderung
- Unternehmerisches Denken
- Selbstständigkeit
- Akzeptanz
- Konzentration
- Wertschöpfung
- Monetäres und wirtschaftliches Wachstum

## Der Teammensch

- Kooperation
- Weltoffenheit
- Toleranz
- Harmonie
- Konsens
- Verantwortung für den anderen
- Dialog
- Integration (von Menschen)
- Empathie
- Partizipation
- Gleichwertigkeit
- Wertschätzung
- Fairness
- Menschenrechte
- Anpassung
- Gemeinsamkeit/Gemeinschaft
- Langfristige Erfolgssicherung
- Persönliches und menschliches Wachsen

## Der Möglichkeitensucher

- Individualität
- Selbstreflexion
- Multiperspektivität
- Systemische Integration
- Wissen
- Kreativität
- Persönliche Entwicklung
- Integration
- Eigenverantwortung
- Vernetzung
- Lebenslanges Lernen
- Wertschätzung von Einzigartigkeit
- Vision
- Autonomie
- Profunde Kompetenz
- Lebendiges Wachstum (geistig/Wissen)
- Integration (von Wissen)
- Offenheit (gegenüber anderen Meinungen und Wissen)
- Innovation

## Der Globalist

- Nachhaltigkeit
- Holon (Ganzes als Teil eines anderen Ganzen)
- Verantwortung für die Zukunft des Lebens
- Systemisches Handeln
- Akzeptanz globaler Komplexität
- Verbesserung der Lebensbedingungen aller Lebensformen
- Unternehmerische Verantwortung für die Gemeinschaft
- Gesellschaftlicher und ökologischer Sinn und Gesamtzusammenhang
- Kollektive Intuition
- Orientierung an der Natur
- Spirituelles Bewusstsein
- Zum Wohle der Menschheit
- Hohe Ideale
- Globale Aussöhnung
- Selbstorganisation lebender Systeme
- Weitsichtigkeit
- Netzwerkintelligenz

# Speech-Pad-Nutzwertanalyse

| Nutzen | Wertestufe | Wert / Ei-genschaft | Analyse |
|--------|-----------|---------------------|---------|
| | | | |
| | | | |
| | | | |
| | | | |
| | | | |
| | | | |
| | | | |
| | | | |
| | | | |

**Nutzen:** Der geplante Nutzen für dein Publikum.

**Wertestufe:** Die Top drei Wertestufen deines Publikums, die du analysiert hast.

**Wert/Eigenschaft:** Die wichtigsten Eigenschaften der Wertelevels, die du als besonders ausschlaggebend für dein Publikum erachtest.

**Analyse:** Die Gegenüberstellung des Nutzens und der Werte samt einer Bewertung: positiv, neutral oder negativ. Die positiven Bewertungen sollten überwiegen, um dem Zuhörer den größten Nutzen zu bieten.

# Speaking-Kit

| | |
|---|---|
| 1 | USB-Stick |
| 1 | Kugelschreiber |
| 2 | Ersatzbatterien der Größe AAA |
| 1 | Wireless Presenter (mit eingebautem Laser) |
| 1 | Set weiße Flipchart-Bögen (ohne Linien) |
| 1 | Planrolle aus Kunststoff (Tasche für Bögen) |
| 2 | schwarze Flipchart-Stifte mit Keilspitze auf Wasserbasis (zwei unterschiedliche Größen). Empfohlen: Neuland No.One® und Neuland BigOne® |
| 3 | Flipchart-Stifte (je 1 x grün, rot, blau). Empfohlen: Neuland No.One® |
| 1 | 16er-Box Wachsmalblöcke (Stockmar) [88] |
| 1 | Set Stecknadeln |
| 1 | Klebeband (Malerkrepp) |
| 1 | Schuhputzset |
| 1 | Block |
| | Grafik-Adapter (insbesondere bei Apple-Computern) nach VGA nach HDMI nach DVI |
| | 1 DO NOT OPEN / NICHT ÖFFNEN (Stempel) |
| 3 | 100er-Set Büroklammern |
| 100 | Visitenkarten |
| 1 | Verlängerungskabel inkl. Mehrfachsteckdosenleiste |
| 1 | Universaladapter fürs Ausland (z. B. Schweiz, Großbritannien) |
| 1 | Ladegerät für das Notebook |
| 1 | Ladegerät für das Tablet / Mobiltelefon |

# Feedback-Formular

(1 = trifft voll zu; 4 = trifft gar nicht zu)

---

Der Vortragende wirkte kompetent und freundlich.

**1.** ☐      **2.** ☐      **3.** ☐      **4.** ☐

Der Vortragende erfüllte meine Erwartungen.

**1.** ☐      **2.** ☐      **3.** ☐      **4.** ☐

Meine Erwartungen waren:

_____

_____

Zwei Punkte, die mir gefallen haben:

_____

_____

Das könnte man besser machen:

_____

Ich würde den Vortragenden weiterempfehlen:

**1.** ☐      **2.** ☐      **3.** ☐      **4.** ☐

# Quellen und Anmerkungen

1 Aristoteles: Rhetorik, Reclam 1999
2 https://www.uni-due.de/einladung/index.php?option=com_
   content&view=article&id=166%3A4-1-2-gorgias&catid=39%3Akapitel-
   4&Itemid=55 (10.11.2016)
3 Christian Gülisch, Analyse von Gorgias »Lobrede auf Helena«, GRIN
   Verlag 2006
4 Wolfgang Wieland: Platon und die Formen des Wissens, Vandenhoeck &
   Ruprecht 1999, S. 26
5 Siehe dazu: https://www.uni-due.de/einladung/index.php?option=com_
   content&view=article&id=165%3A4-1-2-rhetorik&catid=39%3Akapitel-
   4&Itemid=55 (10.11.2016)
6 Joachim Knape: Allgemeine Rhetorik, Reclam 2000, S. 27
7 Aristoteles: Rhetorik, Reclam 1999, S. 20
8 A.a.O., S. 19
9 Joachim Knape: Allgemeine Rhetorik, Reclam 2000, S. 28
10 Otfried Höffe: Aristoteles-Lexikon, Kröner 2005, S. 117
11 Aristoteles: Rhetorik, Reclam 1999, S. 12
12 http://www.johannesbirgfeld.de/Seminarunterlagen/Grundkur-
   se/100%20vC%20-%20genera%20dicendi.pdf (10.11.2016)
13 Joachim Knape: Allgemeine Rhetorik, Reclam 2000, S. 15
14 Quintilian VI, 2., 26
15 Quintilian VI, 2., 29 f.
16 Peter F. Drucker: Managing for Business Effecitveness, Harvard Business
   Review, Mai/Juni 1963, S. 53–60, https://hbr.org/1963/05/managing-
   for-business-effectiveness (10.11.2016)
17 https://www.youtube.com/watch?v=3vDWWy4CMhE (10.11.2016)
18 http://www.merriam-webster.com (10.11.2016)
19 Zitiert nach Peter D. Krause: Unbestimmte Rhetorik. Friedrich Schlegel
   und die Redekunst um 1800, Niemeyer 2001
20 »If you can't write your message in a sentence, you can't say it in an
   hour.« Diana Booher: Creating Personal Presence, Berrett-Koehler
   Publishers 2011, S. 110

21 Zitiert in: Gerhard Jelinek: Reden, die die Welt veränderten – Marie Curies Vorlesung am Vassar College in Poughkeepsie, New York, am 14. Mai 1921, Ecowin 2009, Pos. 1025

22 Vgl. Uwe Köhler: Die perfekte Rede, GABAL 2011, S. 23 f.

23 Joachim Knape: Allgemeine Rhetorik, Reclam 2000, S. 119

24 Rainer Krumm: 9 Levels of Value Systems, Werdewelt 2012

25 Auflösung: Es entsteht eine geringere Zeitdifferenz, denn die Zeitzone der USA liegt hinter der Zeitzone Europas. Somit wird die Zeitdifferenz kleiner, wenn die USA die Uhren vorstellen.

26 Paul H. Thibodeau, Lera Boroditsky: Metaphors We Think With: The Role of Metaphor in Reasoning, Department of Psychology, Stanford University. In: Public Library of Science, PLoS One, 2/2011, e16782, http://lera.ucsd.edu/papers/crime-metaphors.pdf (10.11.2016)

27 Stefanie Schramm, Claudia Wüstenhagen: Die Macht der Worte. In: Die Zeit, 9.12.2012. http://www.zeit.de/zeit-wissen/2012/06/Sprache-Worte-Wahrnehmung/seite-2 (10.11.2016)

28 Auszug aus der Studie von Paul H. Thibodeau u. Lera Boroditsky: »Only 7 % identified the metaphor as influential. Excluding participants who identified the metaphor as influential did not change the reported results.«

29 George Lakoff, Mark Johnson: Leben in Metaphern, Auer 2007, S. 46

30 Preiserhöhungen = Ausverkauf im Supermarkt
Wohnraumbau = Ein Schuh, der zu klein ist
Preiserhöhungen: Die Wohnungen werden uns weggeschnappt, wie bei einem Ausverkauf im Supermarkt.
Wohnraumbau: Die Stadt ist wie ein Schuh, der den Bürgern zu klein ist.

31 Schmarotzer: Mieter sind Schmarotzer, daher sollten wir eine hohe Kaution einfordern.
Zinsen: Mieter bringen Zinsen, daher sollten wir auf ein langes Mietverhältnis Wert legen.

32 Aristoteles: Rhetorik, Reclam 1999, S. 9

33 http://www.informatik.tu-freiberg.de/~schule/Info/Information.pdf, (10.11.2016)

34 Wikipedia: Dieter Bohlen, Stand: 17.07.2014; http://www.prosieben.ch/stars/star-datenbank/dieter-bohlen (10.11.2016)

35 robertgaskins.com (10.11.2016)

36  Gunther Karsten: So lernen Sieger: Die 50 besten Lerntipps, Goldmann 2012, S. 74

37  A. a. O., S. 78

38  384 000 km (zum Mond) × 90 = 34 560 000 km

39  Gunther Karsten: So lernen Sieger: Die 50 besten Lerntipps, Goldmann 2012, S. 78

40  Wikipedia: Goldener Schnitt, https://de.wikipedia.org/wiki/Goldener_Schnitt (10.11.2016)

41  Boris Hänßler: Der goldene Schnitt, TK-Logo, 28.6.2016 http://www.tk.de/tk/wissen/zahlen-und-zeichen/der-goldene-schnitt-10006068/538360 (10.11.2016)

42  https://www.flickr.com/photos/135146612@N03/30974436685/ (Weekend Wayfarers via Compfight cc)

43  Dale Carnegie: Wie man Freunde gewinnt. Die Kunst, beliebt und einflussreich zu werden, Scherz 2003

44  Hans-Georg Häusel: Think Limbic! Haufe-Lexware 2010; Anita Hermann-Ruess: Emotionale Rhetorik, GABAL 2014

45  Robert Cialdini: The Psychology of Persuasion, Harper Business 2006

46  Nach: Douglas-Cowie, E., Cowie, R., Martin, J.-C., Devillers, L., Cox C.: D5g: Mid Term Report on Database Exemplar Progress, Workpackage 5 deliverable, EU FP6 project HUMAINE (Human-Machine Interaction Network on Emotions), 2006, IST 507422, http://emotion-research.net/deliverables/D5g%20final.pdf (21.11.2016)

47  http://www.brainyquote.com/quotes/quotes/j/johnbarth382049.html (10.11.2016)

48  Gerald Hüther. Die Macht der inneren Bilder; Vandenhoeck & Ruprecht 2015

49  Zitiert in: Hans-Horst Skupy (Hrsg.): Das große Handbuch der Zitate, Bassermann 2013, S. 588

50  http://www.youtube.com/watch?v=sF-m3XZKvLI 3:04 (10.11.2016)

51  http://www.youtube.com/watch?v=4a0FbQdH3dY, 54:07 (10.11.2016)

52  http://www.veoh.com/watch/v15534603G4w6w5fM?h1=Cicero+Schau prozess+im+alten+Rom (10.10.2016) ab Minute 22; eine andere gute Quelle: http://www.judithmathes.de/rom/republik/cicero_roscius.htm (10.10.2016)

53  Hermann Scherer: 30 Minuten Fragetechnik, GABAL 2012

54  Ebda.

55 Edward L. Thorndike: »A Constant Error in Psychological Ratings«. In: Journal of Applied Psychology 4 (1920), S. 469–477

56 Phil Rosenzweig: Der Halo Effekt: Wie Manager sich täuschen lassen, GABAL 2008

57 Zitiert in: Gerhard Jelinek: Reden, die die Welt veränderten – Barack Obamas Rede auf dem Parteikongress der Demokraten in Boston am 27. Juli 2004, Ecowin 2009, Pos. 3574

58 Jock Elliot, Rhetorik-Weltmeister 2011 in der Kategorie »Internationale Rede«, verwendete in seiner Rede »Just so Lucky«, die 6:50 Minuten dauerte, 715 Wörter; das entspricht zirka 104 Wörtern pro Minute.

59 Heike Mayer: Rhetorische Kompetenz, UTB 2007, S. 150

60 https://www.youtube.com/watch?v=5ZckGSY5UPA

61 Zitiert in: Gerhard Jelinek: Reden, die die Welt veränderten. Winston Churchills Rede »Ich habe nichts anzubieten, außer Blut, Mühen, Tränen und Schweiß«, Ecowin 2009, Pos. 2017

62 Nach dem Satz »schau dir mal die lange Liste an« kommt die Vorstellung der einzelnen Mieter. Hier arbeitet der Text mit einer aufzählenden Struktur. Der Hauptteil wird in drei Abschnitte mit jeweils drei Beispielen gegliedert. Diese drei Teile enden jeweils mit »ehrenwerte/n/s Haus« – hier kommt das rhetorische Stilmittel Epipher zum Einsatz. Am Ende des Hauptteils wird ein Resümee gezogen und der Schluss eingeläutet: »sie alle schämen sich für uns.«

63 Richtige Reihenfolge: 2, 3, 1

64 Samy Molcho: Körpersprache, Mosaik 1984, S. 21

65 Michael Spitzbart: Erschöpfung und Depression: Wenn die Hormone verrücktspielen, Kösel 2012

66 Ontologische Metapher nach: George Lakoff, Mark Johnson: Leben in Metaphern, Auer 2007

67 http://www.rhetoricgame.com (10.11.2016)

68 Walter Isaacson: Steve Jobs. Die autorisierte Biografie des Apple-Gründers, btb 2012

69 Wikipedia: Harry beck. https://de.wikipedia.org/wiki/Harry_Beck (10.11.2016)

70 http://britton.disted.camosun.bc.ca/beck_map.jpg //http://de.wikipedia.org/wiki/Harry_Beck#mediaviewer/File:Tube_map_1926.jpg

71 Aus: Cicero: De oratore, zitiert in: Johann Christian Gottsched: Ausgewählte Werke VII/4, Walter de Gruyter 1981, S. 102

72 Herwig Blum: Die antike Mnemotechnik, Georg Olms Verlag 1969, S. 31

73 Zitiert in: Hans-Horst Skupy (Hrsg.): Das große Handbuch der Zitate, Bassermann 2013, S. 756

74 Kirche (Icon): http://www.flaticon.com/authors/simpleicon
   Kirche (Bild): http://www.flickr.com/photos/8663137@N04/24080871025
   Windräder (Bild): https://www.flickr.com/photos/37904342@N04/26080500315/
   Parkplatz (Grafik): https://www.flickr.com/photos/47786939@N06/4378143714/

75 http://www.werkkarte.com/wp-content/uploads/2016/03/P3135036-1024x768.jpg

76 Marius Brede: https://www.flickr.com/photos/46065878@N04/6185218072/

77 Foto: Stephan Mertens via Compfight cc

78 Gefunden auf einem Fensterladen der Schipfe, einem historischen Quartier in Zürich https://zurich1200fountains.wordpress.com/2013/01/06/125-schipfe-2/

79 Zitiert in: Hans-Horst Skupy (Hrsg.): Das große Handbuch der Zitate, Bassermann 2013, S. 720

80 http://literarydevices.net/antimetabole (10.11.2016)

81 Karl Marx, Friedrich Engels: Kritik der politischen Ökonomie, Vorwort, Dietz 1971

82 Zitiert in: Hans-Horst Skupy (Hrsg.): Das große Handbuch der Zitate, Bassermann 2013, S. 826

83 Johann-Wolfgang von Goethe: Werke, Bd. 12: Schriften zur Kunst. Schriften zur Literatur. Maximen und Reflektionen, C. H. Beck 2008

84 http://mannerofspeaking.org/2011/06/12/rhetorical-devices-asyndeton/ (10.11.2016)

85 Douglas-Cowie, E., Cowie, R., Martin, J.-C., Devillers, L., Cox C.: D5g: Mid Term Report on Database Exemplar Progress, Workpackage 5 deliverable, EU FP6 project HUMAINE (Human-Machine Interaction Network on Emotions), 2006, IST 507422 http://emotion-research.net/deliverables/D5g%20final.pdf (21.11.2016)

86 Paolo Petta, Catherine Pelachaud, Roddy Cowie: Emotion oriented systems, Humaine Handbook, Springer 2011, Position 10281

87 Martina Bär-Sieber, Rainer Krumm, Hartmut Wiehle: Unternehmen verstehen, gestalten, verändern: Das Graves-Value-System in der Praxis, Springer / Gabler 2015

88 Anregung aus: Axel Rachow, Johannes Sauer: Der Flipchart-Coach, Profi-Tipps zum Visualisieren und Präsentieren am Flipchart, manager-Seminare 2015

# Literatur

Martina Bär-Sieber, Rainer Krumm, Hartmut Wiehle: Unternehmen verstehen, gestalten, verändern. Das Graves-Value-System in der Praxis, Springer / Gabler 2015

René Borbonus: Die Kunst der Präsentation: Sich glaubwürdig vor anderen darstellen – ohne Show-Business, Junfermann 2016

Peter Brandl: Kommunikation … und was Sie darüber wissen sollten, um sich das Leben leichter zu machen, GABAL 2015

Gerhard Jelinek: Reden, die die Welt veränderten, Ecowin 2009

Joachim Knape: Allgemeine Rhetorik, 2. Auflage, Reclam 2015

Rainer Krumm: 9 Levels of Value Systems, Werdewelt 2012

George Lakoff, Mark Johnson: Leben in Metaphern. Konstruktion und Gebrauch von Sprachbildern, Carl Auer 2007

Heike Mayer: Rhetorische Kompetenz. Grundlagen und Anwendung, UTB 2007

Florian Mück: Der einfache Weg zum begeisternden Vortrag. 5 Minuten Arbeit – 15 einfache Schritte – 50 Dos and Don'ts, Redline 2016

Axel Rachow, Johannes Sauer: Der Flipchart-Coach. Profi-Tipps zum Visualisieren und Präsentieren am Flipchart, managerSeminare 2015

Michael Rossié: Wie fange ich meine Rede an? 100 Ideen für 1000 eigene Anfänge, C. H. Beck 2016

Hermann Scherer: 30 Minuten Fragetechnik, GABAL 2012

Thomas Skipwith: Die packende betriebsinterne Präsentation. Grundlagen der Rhetorik und Präsentationstechnik für Führungskräfte und solche, die es werden wollen, DESCRUBIS 2012

# Dank

Die starke Resonanz und die positiven Teilnehmerstimmen zum Speech-Pad-Seminar überwältigen mich. Umso mehr bestätigt es mich, damit den Nerv der Zeit getroffen zu haben. Speech Pad liegt mir sehr am Herzen, denn ich kann anderen damit helfen, über sich hinauszuwachsen und überzeugende Auftritte hinzulegen.

Ich bin aber natürlich nicht mit Speech Pad »auf die Welt gekommen«! Daher gibt es auch eine Reihe von Freunden und Unterstützern, denen ich besonders danken möchte.

Für die Zeit meiner freiberuflichen Tätigkeit im Bankensektor möchte ich mich für die tolle Unterstützung bei Christoph Diethardt, Gerhard Hierz und vor allem Andrea Lang bedanken.

Mit unerwünschten Herausforderungen umzugehen lernte ich, als das Leben für mich eine Entscheidung traf. Für die Unterstützung in dieser schweren Zeit möchte ich meiner Familie und insbesondere Martin Prangl danken, die mir hier zur Seite standen.

Den Weg zur Rhetorik fand ich über Rose Chong und Florian Mück, die ich im April 2009 in Barcelona kennengelernt habe – danke dafür!

Toastmasters ist für mich der Ort zum persönlichen Wachsen. Ich danke hiermit meinen Freunden und Sparringspartnern aus dem District 59 & 95, den Kollegen meines Heim-Clubs in Zürich und besonders den Mitgliedern meines Clubs Blue Danube Speakers in Linz. Namentlich erwähnen möchte ich: John Zimmer, Olivia Schofield, Michael Rossié und Gabriel Schandl.

Ich möchte mich bei meiner Freundin Theresa bedanken, die in der Entstehungsphase des Buchs und von Pitch5 auf viel gemeinsame Zeit verzichten musste.

Zuletzt möchte ich mich bei Denise Engelcke, Sabine Rock und der Werdewelt GmbH – allen voran Ben Schulz und Christine Rinn – bedanken, die wesentlich zum Erfolg dieses Werks beigetragen haben.

# Register

9 Levels  63

ABC-Struktur (aufsteigend)  150
Alliteration  244
Alternativfrage  126
Amphibolie  244
Amplificatio  245
Anadiplose  245
Analogie-Methode  101
Analogien  38, 189, 248
Analogiepass  182
Anapher  132, 159, 162, 245
Angst  170, 174
Anreise  201
Antike  15, 150, 199
Antimetabole  139, 246
Antithese  246
Aphorismus  246
Apple Keynote  242
Argumentationsbrillant  79 ff.
Argumente  20, 27, 39, 73 ff., 105,
    189, 212
*Aristoteles*  17 ff., 22, 27, 53
Assistenten  204
Assonanz  247
Assoziationen  38, 115, 164, 189,
    199, 211, 231, 248
Assoziations-Methode  100
Assoziationsobjekte  100, 189, 199,
    232 f.
Asyndeton  247
Audiosystem  241
Ausgangsemotion  112
Authentizität  130, 164, 169, 213

Befehlsform  33
Befindlichkeit  84

Begeisterung  122
Begründung  39, 75 f., 79, 91, 94,
    151
Behauptung  39, 73, 76, 79, 85, 178,
    195, 246
Beispiel  79
Beratungsrede  18, 53
Beteiligte  79
Bilder  118, 172, 187
*Booher, Diana*  47
*Boroditsky, Lera*  85, 88
Botschaft  47 ff., 79, 81, 98, 138,
    163, 175, 212, 233, 235
Bruttozeit  146
Bühnenpositionen  151, 179 ff.
Bullet Points  73 ff., 190, 193

Chronologische Struktur  151
*Chrysogonus*  20 f., 126
*Churchill, Winston*  158
*Cicero, Marcus Tullius*  20 ff., 59,
    125
Cortisol  170
*Covey, Steven*  132
Cui bono  125
*Curie, Marie*  52

Decoy-Effekt  79
*De inventione* (Cicero)  20
*De oratore* (Cicero)  21
*Drucker, Peter*  25

EARL (Emotion Annotation and
    Representation Language)  249
Effizienz / Effektivität  26, 30
*Einstein, Albert*  196
Einwände  39, 75 ff.

Einzelkämpfer 63, 67, 251
*Ekman, Paul* 108
Eloquenz 163
Emaze 36
Emotionales Gedächtnis 114
Emotionen 27, 39, 49, 90 ff., 105 ff.,
    114, 127, 212, 249
Emotionskategorien 108, 249
Entspannung 109, 208
Epipher 245
Eponym 86
Erfolgssucher 64, 68, 252
Ersatzkleidung 205
Erster Eindruck 130 ff., 160, 205
Erwartungshaltung 55 f., 71
Ethos 19, 22, 27
Experte 94 f., 114, 135, 174, 206

Facial Action Coding System
    (FACS) 108
Feedback 200, 235
Feedback-Formular 256
Flipchart 193 ff., 202, 207, 211, 240,
    243, 255
Fokussierende Frage 126
Folien 29, 35, 37, 184, 190, 194,
    196, 211
Fragen an den Veranstalter 240
Fragetypen 125
Fünfsatz-Regel 149, 151

*Gaskins, Robert* 97
Gedächtnis 28, 49, 99, 150, 170
Gegenstände 185, 188, 199, 211,
    231
*Geißner, Hellmut* 150
Gerichtsrede 17, 53
Geschichten 39, 105 ff., 114 ff., 135,
    162, 174 f., 178, 181
Geschichtenpass 181
Gesichtsausdrücke 108
Glaubwürdigkeit 19, 27, 95, 122,
    130 ff., 135, 170, 213

Globalist 64, 68, 252
Goldener Schnitt 101
Google Analytics 102
*Gorgias von Leontinoi* 17
Grafiken 75, 190 ff.
*Graves, Clare W.* 63, 69
Griechenland 17

Halo-Effekt 131
Handouts 38, 201, 203
Held 115
Herausforderung (Bösewicht) 115
Hinterdupfing 216
Hoher Stil 21, 22
Hologrammpass 182
*Huber, Joel* 80
HUMAINE Association 108, 249

Ich-Du-Wir-Struktur 152
Improvisationstheater 175
Informationen 59, 73 ff., 94 ff., 146,
    150, 153, 212
Inhalte 199
*Institutio oratoria* (Quintilianus) 22

*James, William* 108
*Jobs, Steve* 186, 189
*Johnson, Mark* 171
*Jürgens, Udo* 161

*King, Martin Luther* 27
KISS (Keep it short and simple) 49
Kommunikationssituation 30, 47,
    53, 66, 128, 153
Konjunktive 175
Konsistente Metapher 155
Körpersprache 122, 169 ff., 189
*Krumm, Rainer* 63
Kurzbiografie 202

*Lakoff, George* 171
Lärm 206
Leidenschaft 26, 121 ff.

Lewin, Walter 123
Licht 207
Liebe 91
Linemetrics 102
Lobesrede 18, 53
Loci 199
Logo 38
Logos 19, 22, 27, 90
Loyale 68, 78, 251

Mentor 115
Metapher 38, 84 ff., 153 ff., 170,
  189, 248
Metonymie 87, 144
Mikrofon 241
Mimik 108, 123, 169
Mittlerer Stil 21 f.
Moderator 132, 140, 146, 167, 206
Möglichkeitensucher 64, 68, 252
Mündliche Präsentation 30, 37

Natürlichkeit 164 f.
Negative Emotionen 106, 110, 249
Nervosität 133, 169, 208
Nettozeit 146
Niedriger Stil 21 f.
Normalverteilungskurve 77

Obama, Barack 132
Öffnende Fragen 127, 163
Orientierungsmetapher 171

Paragrafendschungel 84
Parkinsonsches Gesetz 166
Passung 69
Pathos 19, 22, 27, 90
Perfekte Metapher 154
Phaidros (Platon) 17
Pitch5 237
Platon 17 ff.
Positive Emotionen 107 ff., 249
PowerPoint 29, 35, 73, 97, 216
PowToon 36

Präsentationsabschluss 138 ff.,
  150 f., 159, 248
Präsentationsarten 40, 212
Präsentationsdauer 146 ff., 163, 201
Präsentationseröffnung 130, 139,
  150 f., 159, 180, 248
Präsentationshauptteil 150, 159,
  180
Präsentationssoftware 29, 35, 186
Präsentationstitel 143 ff., 248
Prezi 36
Primär- und Rezenzeffekt 150
Projektor 184, 203, 240
Projektpräsentation (Beispiel) 216 ff.
Publikum 27, 33 ff., 53, 58 ff., 67,
  77, 105, 114, 125, 130, 138, 144,
  185, 212
  – Interaktion 127, 167, 194
  – Nutzen 71, 254
  – Werte 62 ff., 77, 254
Pünktlichkeit 146, 205

Quellen 94 ff., 136
Quintilianus, Marcus, Fabius 22

Raummetapher 171
Raum-Setup 203, 205
Redeminute 147
Redestile 21
Redezeit 146, 163
Reiter, Jakob 76
Rhetorik an Herennius 20
Rhetorik (Aristoteles) 19
Rhetorische Frage 126 f., 132, 162,
  248
Rhetorische Stilmittel 159, 162,
  244, 248
Rom 20
Roter Platz 188

Sachverhalts-Analogie 102
Schofield, Olivia 114
Schriftliche Präsentation 37

Schwarze Folien 38, 184, 211
Schwellenhüter 115
*Sextus Roscius* 20, 125
Situationsanalyse 53 ff.
Sophisten 17 f.
Soundcheck 207
Speaking-Kit 204, 255
Speech-Pad-Nutzwertanalyse 71,
    78, 253
Sprachfertigkeitsdiagramm 165
Stammesmensch 63, 67, 78, 251
*Stanislawski, Konstantin* 114
Startposition 179
Stimme 122
Stress 170
Struktur 149 ff., 165, 211
Struktur der Metapher 153 ff.
Suggestivfrage 126
Sympathie des Publikums 59, 62,
    109, 128, 130

Teammensch 64, 68, 252
TEDx Talk 153, 163
Temperatur 206
Themen 163 ff.
*Thorndike, Edward* 131
*Turing, Alan* 166
*Twain, Mark* 166

U-Bahn-Plan London 191
Übergänge 157 ff., 166, 208, 248

Überzeugung 19, 22, 27, 29, 38 ff.,
    90 ff., 105, 127, 164
Unsicherheiten (sprachlich) 174 f.

Veranstalter 58, 68, 202, 206, 240
Veranstaltungsprogramm 202
Veranstaltungsraum 240
Verkehrsbetriebe Zürich (VBZ) 100
Verkleinerungsform 175
Verlässliche Brücke 76
Verneinungsfrage 127
*Vincent, Jack* 153
Visuelle Hilfsmittel 186 ff., 228
Vorredner 207
Vortragsraum 203
Vortragsversion 146, 201, 235

*Watson, Thomas* 132
Werte-Trendtest (persönlich) 63 ff.,
    251 ff.
Werte-Trendtest (Publikum) 67 ff.
Wireless Presenter 204
Wireless-Remote-Control 240

Zahlen-Analogie 101
Zahlen, Daten, Fakten (ZDF) 38, 73
Zehn »A« der Rhetorik 244
Zielemotion 112
*Zimmer, John* 174
Zitat 132, 135 f., 162, 231, 233, 246

# Über den Autor

Patrick Nini absolvierte die Höhere Technische Bundeslehranstalt für Informatik, arbeitete zunächst bei einem internationalen Hersteller für Bankensoftware und später als Berater in dieser Branche. Schon früh entwickelte er seine Leidenschaft für Rhetorik und das Präsentieren. Toastmasters, eine internationale Non-Profit-Organisation zur Förderung der Rhetorik, legte schließlich den Grundstein für seine heutige berufliche Tätigkeit als Präsentationstrainer und Vortragsredner. Mit seinem Speech Pad hat Patrick Nini ein Tool entwickelt, das seinen Anwendern dabei hilft, professionelle Vorträge und Präsentationen zu halten und andere zu überzeugen. Als Gründer des Start-ups Pitch5 bietet er mit der Webapplikation zum Speech Pad seinen Kunden zudem einen virtuellen Präsentationscoach.

Mehr Informationen auf: www.patricknini.com und www.pitch5.io